纺织新技术书库

桑皮纤维
及其产业化开发

瞿才新　编著

U0216817

中国纺织出版社

内 容 提 要

　　本书全面系统介绍了桑皮纤维及其产业化开发，分析了国内外桑皮纤维的研究现状，从鲜茎皮秆分离、桑枝剥皮机的开发、桑皮循环脱胶装置的开发以及桑皮纤维的脱胶方法四个方面介绍了桑皮纤维的制取过程；详细分析了桑皮纤维的结构及化学成分，利用桑皮纤维的性能设计与开发桑皮纤维混纺纱产品、桑皮纤维机织面料、桑皮纤维家纺面料、桑皮纤维户外休闲面料、桑皮纤维基针织产品、桑皮基生物医用产品；应用桑皮纤维提取的果胶整理医用纱布以及后整理的工艺，整理后医用纱布的性能。最后，介绍了桑枝纳米纤维素晶须及其复合材料的开发。

　　本书对我国从事生物基纤维纺织材料的生产技术人员、高校科研人员和在校纺织材料专业学生都有一定参考和使用价值。

图书在版编目（CIP）数据

　　桑皮纤维及其产业化开发／瞿才新编著. —北京：中国纺织出版社，2017.3

　　（纺织新技术书库）

　　ISBN 978-7-5180-3268-6

　　Ⅰ.①桑…　Ⅱ.①瞿…　Ⅲ.①天然纤维—研究　Ⅳ.①TS102

　　中国版本图书馆CIP数据核字（2017）第010145号

策划编辑：秦丹红　　责任编辑：王军锋　　责任校对：王花妮
责任设计：何　建　　责任印制：何　建

中国纺织出版社出版发行
地址：北京市朝阳区百子湾东里A407号楼　邮政编码：100124
销售电话：010—67004422　传真：010—87155801
http://www.c-textilep.com
E-mail:faxing@c-textilep.com
中国纺织出版社天猫旗舰店
官方微博http://weibo.com/2119887771
北京教图印刷有限公司印刷　　　各地新华书店经销
2017年3月第1版第1次印刷
开本：710×1000　1/16　印张：12
字数：175千字　定价：68.00元

前言

　　"十三五"纺织工业发展的重点任务之一就是生物基纤维的研究和应用，到2020年，我国将力争实现多种新型生物基纤维及原料技术的国产化，实现生物基原料产量77万吨，生物基纤维106万吨。桑皮纤维作为一种天然生物基纤维，桑树种植面积大，桑枝资源丰富，平均每亩桑园夏伐桑枝可达到500～800kg，桑皮占到桑枝产量的20%，天然生物基桑皮不仅总量大，而且桑皮纤维具有优良的吸湿性和一定的保健功效，光泽良好、手感柔软、易于染色，是一种纯天然生物基绿色纤维。开发可再生利用的具有较高附加值的生物基桑皮纤维混纺纱线及制品，不仅将广泛的桑树资源保护与综合开发结合起来，实现废物利用，而且对于增加纺织产品的品种，提高纺织服装产品的档次，提高中国纺织品的市场竞争能力具有重要意义。

　　《桑皮纤维及其产业化开发》是关于生物基桑皮纤维开发的典型案例，为天然纤维素的开发提供了可供参考的理论和实践。本著作以废弃物桑枝为原料，从桑皮制备的设备，桑皮纤维的提取，到纤维的成分和性能结构的表征，开发服用桑皮基面料、家纺用桑皮基产品、功能性桑皮基产品以及果胶的提取和对织物的整理，全面系统对桑皮基产品进行设计和开发，对于桑枝生物基纤维的市场化开发具有举足轻重的作用。该书对我国从事生物基纤维纺织材料的生产技术人员、高校科研人员和在校纺织材料专业学生都有一定参考和使用价值。

　　本书撰写过程中得到了江苏省科技厅和盐城市科技局的项目资助，得到了盐城工业职业技术学院、盐城悦达纺织集团和江苏南纬悦达纺织研究院等单位的支持，得到了王曙东、刘华、陈贵翠、张圣忠、周彬、徐帅、秦晓、周红涛、位丽、王建明、陈燕、赵磊、毛雷、王可、张立峰等老师的帮助，在此一并表示感谢。

　　由于作者水平有限，本著作难免会存在一些疏漏及错误之处，敬请广大读者批评指正。

编著者

2016.10

目录

第一章　国内外桑皮纤维的研究现状 ……………………………………… 001

第一节　桑皮纤维的形成发育过程 ………………………………………… 001

　一、桑树枝条的生长发育特点 …………………………………………… 001

　二、桑树枝条的生长周期 ………………………………………………… 002

第二节　国内桑枝种植及其应用现状 ……………………………………… 004

　一、我国的桑树种质资源及其分布 ……………………………………… 004

　二、桑树的多元化利用 …………………………………………………… 005

　三、桑皮纤维的国内外研究现状 ………………………………………… 009

　四、桑皮纤维开发的生态意义 …………………………………………… 010

第二章　桑皮纤维的制取 ………………………………………………… 011

第一节　鲜茎皮杆分离 ……………………………………………………… 011

　一、桑枝鲜茎结构与特点 ………………………………………………… 011

　二、桑枝鲜茎皮杆分离要点 ……………………………………………… 012

第二节　桑枝剥皮机的开发 ………………………………………………… 013

　一、桑枝剥皮机研究概况 ………………………………………………… 013

　二、SZBPJ型桑枝剥皮机结构与原理 …………………………………… 014

第三节　桑皮脱胶 …………………………………………………………… 017

　一、机械脱胶 ……………………………………………………………… 017

　二、生物脱胶 ……………………………………………………………… 019

　三、碱煮脱胶 ……………………………………………………………… 020

　四、闪爆脱胶 ……………………………………………………………… 020

　五、超临界二氧化碳萃取 ………………………………………………… 021

　六、微波—生物酶—化学辅助联合脱胶 ………………………………… 022

第四节　桑皮循环脱胶装置的开发 ··· 025
　　一、桑皮脱胶装置的设计思路 ··· 025
　　二、桑皮脱胶装置的工作原理 ··· 026

第三章　桑皮纤维的化学成分及结构分析 ·································· 027
第一节　桑皮纤维的化学成分与结构 ··· 027
　　一、化学成分 ··· 027
　　二、形貌结构 ··· 028
　　三、分子结构 ··· 030
　　四、超分子结构 ··· 031
第二节　桑皮纤维的性能分析 ··· 033
　　一、可纺性 ·· 033
　　二、抗菌性能 ··· 034

第四章　桑皮纤维的染色 ··· 037
第一节　活性染料染色 ·· 038
　　一、活性染料染色工艺 ·· 038
　　二、活性染料染色的颜色特征值 ··· 038
第二节　植物染料虎杖染色 ·· 039
　　一、虎杖色素的提取 ··· 039
　　二、虎杖色素的染色工艺 ·· 040
　　三、影响染色效果的主要因素 ·· 041
第三节　直接染料染色 ·· 045
　　一、原材料与仪器 ·· 045
　　二、标准染液的配制与标准工作曲线的测定 ··························· 045
　　三、直接染料染色工艺 ·· 046
　　四、直接染料对桑皮纤维染色性能的测定 ······························ 047
　　五、直接染料染色皂洗牢度的测定 ·· 050

第五章　桑皮纤维纱线产品的开发 ··· 051
第一节　环锭纺产品的开发 ·· 051
　　一、原料性能分析 ·· 051

　　二、 桑皮纤维预处理 ································· 052
　　三、 典型工艺流程选择及工艺要点 ··············· 052
第二节　转杯纺产品的开发 ····························· 055
　　一、 生产工艺流程 ······························· 055
　　二、 工艺技术要点 ······························· 055
第三节　包芯纱产品的开发 ····························· 056
　　一、 原料性能分析 ······························· 057
　　二、 纤维的染色及预处理 ························· 058
　　三、 纺纱工艺配置 ······························· 058
　　四、 成纱性能分析 ······························· 061
第四节　桑皮纤维纱线产品的开发实例介绍 ··············· 063
　　一、 桑皮纤维/棉 55/45 28tex 转杯纺成纱工艺及性能分析 ········· 063
　　二、 精梳桑皮纤维/棉55/45 18.5tex转杯纱的工艺优化 ··········· 068
　　三、 桑皮纤维/棉55/45 28tex喷气涡流针织纱的生产实践 ·········· 072

第六章　桑皮纤维机织面料的开发 ················· 078
第一节　桑皮纤维机织产品设计 ························· 078
　　一、 原料的选择 ································· 078
　　二、 组织结构的选择 ····························· 078
　　三、 经纬密度的选择 ····························· 078
　　四、 织造工艺 ··································· 079
　　五、 染整工艺 ··································· 079
　　六、 产品主要性能测试 ··························· 079
第二节　桑皮纤维普通穿着面料 ························· 080
　　一、 桑皮纤维/棉混纺面料 ······················· 080
　　二、 桑皮纤维/麻混纺面料 ······················· 081
　　三、 桑皮纤维与桑蚕丝交织面料 ··················· 081
　　四、 桑皮纤维/麻纱与涤长丝交织面料 ··············· 081

第七章　桑皮纤维家纺面料设计与开发 ············· 082
第一节　整体设计构思 ······························· 082
　　一、 产品定位 ··································· 082

二、 产品用途 ··· 082

三、 设计思路 ··· 083

四、 面料配套设计 ··· 083

五、 产品风格 ··· 083

六、 织物规格设计 ··· 083

七、 组织结构设计 ··· 085

八、 装造与上机工艺设计 ··· 087

九、 纹织CAD处理 ·· 090

第二节 桑皮纤维大提花床品面料的开发 ····················· 092

一、 桑皮纤维大提花床品面料的生产要点 ····················· 092

二、 桑皮纤维大提花床品面料的性能测试与分析 ·············· 093

三、 床品套件规格款式与面料裁剪排版设计 ··················· 094

四、 桑皮纤维床品六件套原纱成本核算与产品经济分析 ······· 096

第八章 桑皮纤维户外休闲面料设计与开发 ················· 098

第一节 桑皮纤维户外休闲面料品种 ····························· 098

一、 防水透湿面料 ··· 098

二、 抗菌除臭面料 ··· 098

三、 保暖透气面料 ··· 098

四、 隔热阻燃面料 ··· 099

第二节 桑皮纤维户外休闲面料产品设计实例 ················· 100

一、 整体设计思路 ··· 100

二、 阻燃抗菌芳砜纶/桑皮纤维/棉混纺纱的开发 ·············· 100

三、 "三防一阻一抗"芳砜纶/桑皮纤维/棉织物的开发 ········ 104

第三节 桑皮纤维织物的服用性能分析 ························· 109

一、 桑皮纤维织物拉伸性能分析 ································· 109

二、 桑皮纤维织物弯曲性能分析 ································· 111

三、 桑皮纤维织物耐磨性能分析 ································· 112

四、 桑皮纤维织物悬垂性能分析 ································· 114

五、 桑皮纤维织物抗皱性能分析 ································· 115

六、 桑皮纤维织物的舒适性能分析 ······························ 117

第九章　桑皮纤维针织产品的开发 ·· 119

第一节　桑皮纤维袜子的开发 ·· 119

一、提花袜子 ·· 119

二、添纱袜子 ·· 119

第二节　桑皮纤维内衣的开发 ·· 122

一、纬编内衣 ·· 122

二、经编内衣 ·· 125

第三节　桑皮纤维针织外套面料的开发 ·· 129

一、桑皮纤维小褶皱面料的开发 ·· 129

二、桑皮纤维格纹毛衫外套面料的开发 ·· 133

三、桑皮纤维基单面凹凸条纹空气层保暖面料的开发 ··························· 136

四、桑皮纤维时尚毛衫面料的开发 ·· 140

第十章　桑皮纤维非织造材料及产业用纺织材料的开发 ······················ 146

第一节　桑皮纤维非织造布的开发 ·· 146

一、桑皮纤维前处理 ·· 146

二、非织造布生产主要技术措施 ·· 148

第二节　桑皮纤维成膜装置的开发 ·· 150

一、含胶类纤维成膜装置的设计思路与工作原理 ································· 151

二、桑皮纤维膜的制备 ·· 152

三、桑皮胶质的提取及其应用 ·· 153

第三节　桑皮纤维增强复合材料的开发 ·· 154

一、天然植物纤维复增强复合材料的性能与特点 ································· 154

二、天然植物纤维增强复合材料的应用 ·· 155

第四节　桑皮秆芯黏胶纤维的制备 ·· 158

一、桑皮秆芯制浆工艺 ·· 158

二、桑皮黏胶纤维生产工艺 ·· 159

第五节　桑皮果胶整理织物的制备和性能测试 ··································· 159

一、桑皮果胶的结构与基本特性 ·· 159

二、桑皮果胶的提取 ·· 162

三、桑皮果胶整理棉织物及真丝绸织物的结构与性能 ························· 162

第六节　桑皮果胶整理医用纱布的工艺及性能测试 ················· 166
　一、整理工艺 ··· 166
　二、织物的顶破性能与分析 ··· 166
　三、织物的撕裂性能与分析 ··· 167
　四、织物的透湿性能与分析 ··· 168
　五、织物的抗菌性能与分析 ··· 168

第十一章　桑皮纳米纤维素晶须的制备与性能 ···················· 171
第一节　桑皮纳米纤维素晶须的制备与表征 ······················· 171
　一、桑皮纳米纤维素晶须的制备 ··· 171
　二、桑皮纤维素纳米晶须的表征 ··· 174
第二节　桑皮纳米纤维素晶须/PVA复合材料的制备及性能测试 ········· 176
　一、桑皮纳米纤维素晶须/PVA复合材料的制备 ················· 176
　二、桑皮纳米纤维素晶须/PVA复合材料的性能 ················· 176

参考文献 ·· 180

第一章　国内外桑皮纤维的研究现状

第一节　桑皮纤维的形成发育过程

桑茎是由桑种子中的胚芽生长发育而成，并由茎生长成树干和枝条。树干有主干和支干之分，主干位于根颈的上方，主干上的分支称支干，依次分为第一支干、第二支干等。树干和枝条的主要功能是运输水分、养分，贮藏有机物及支撑枝、叶。

一、桑树枝条的生长发育特点

桑树枝条一般茎高60～180cm，枝条直径1～2cm，分叉少。新抽出的枝条外观呈绿色，称新梢，这是外皮层细胞中的叶绿素透过无色的表皮显现出来的颜色。以后随着枝条的成长，在表皮下形成木栓层，木栓层细胞中含有色素，这种色素显现的颜色就是一年生枝条固有的皮色。枝条的皮色因品种而不同。在冬季落叶后的枝条上，叶柄脱落处呈凹陷的半圆形痕迹，叫叶痕；紧靠叶痕的上方是冬芽；冬芽两侧略下方的枝条上稍稍隆起处叫芽褥。这一部分总称为节。节与节之间叫节间，在枝条梢端和基部的节间较短，中部的节间略长。一般比较品种之间的节间的长短，是采取枝条中部十个节间的平均数。节间的长短因品种而不同。

枝条的姿态因品种而不同，大致上可分为直立型、开展型、垂卧型三类。直立型的桑品种，树冠紧凑，适于密植，便于机械耕作，桑园通风透光较好。开展型品种适用于稀植的桑园，垂卧型品种作观赏用。

枝条的长短粗细除因品种特性不同外，与土壤、气候、树龄、剪伐和肥培管理等的差异有很大的关系。幼年和壮年树的生长势强，枝条粗而长。桑树达到一定年龄后，树势已进入衰老阶段，枝条的生长能力变弱，应该采用更新复壮措施，以提高桑叶产量；适当剪伐后生长的枝条粗长，不剪伐的乔木桑枝条细短；低干养成的桑树枝条粗长，随着树干的提高，枝条也相应变短；土壤疏松、肥培管理好的枝条粗长，反之则细短；气候干旱，土壤水分不足或桑园积水等，也影响枝条的生长。

桑树发条数是指桑树经过伐条后的发芽抽条能力，单株发条数因品种而异，如广东桑、湖桑32号的发条能力较强，湖桑199号、黑油桑的发条能力较弱。发条的能力与养成的树形也有关系。树形高、支干数多的单株发条数就多，反之则较少。为了适应一年中的收获和伐条，在选种时应选育发条能力强的品种。

枝条木质的坚韧性受多种因素影响。肥培是其影响因子之一，多施氮肥的坚韧性较差，多施磷、钾肥的枝条较坚韧。特别是钾肥，对提高枝条坚韧性的效果显著；采叶过多的枝条脆弱，因此条用桑宜少采或不采叶。除上述因素外，不同品种间有差异。

二、桑树枝条的生长周期

桑树枝条顶端有生长点，在生长期间不断进行细胞分裂，产生新细胞。新细胞经过不断的生长分化，形成茎的各种构造。加长生长产生初生构造，加粗生长产生次生构造，在一年内完成一个周期。

1. **初生构造**　新梢的加长生长是在茎尖的分生区和伸长区进行的。在茎尖的纵切面可以看到分生区、伸长区和成熟区三部分，但枝条的尖端没有类似根冠的组织。分生区的生长点和伸长区很短，包藏在枝条顶端的生长芽中，成熟区在伸长区的下面，是属于茎的初生构造，细胞已停止伸长，组织分化也已基本完成。

分生区位于新梢顶端的生长点，和根尖一样具有强烈的分生能力，向后产生一群具有分生能力的细胞，合称为初生分生组织，茎的一切组织由它产生。

伸长区位于分生区后面，是由分生区的细胞直接分裂而来，其细胞伸长迅速，使枝条先端不断向上生长，内部组织开始分化，形成表皮、维管束和髓等部分。

成熟区位于伸长区后面，细胞已停止生长而进入成熟阶段，各种初生构造已基本完成，由于成熟区是由初生分生组织分化产生，故称初生构造。它由外向内可分为表皮、皮层和中柱三部分。

表皮是幼嫩新梢的最外层，由一层排列紧密的薄壁细胞组成，是一层保护组织。这层细胞外壁角质化，形成角质层。表皮上有表皮毛和气孔，表皮毛能抑制水分的蒸腾和预防病菌的入侵。部分表皮细胞分化为气孔。当枝条形成次生构造时气孔演变为皮孔。

皮层位于表皮内方，由多层薄壁细胞所组成，细胞较大。接近表皮的一层、二层细胞排列较整齐，内含叶绿素，有光合作用能力；再向内的细胞，排列疏松，有明显的细胞间隙，并与气孔相通，气体交换是通过细胞间隙进行的。

中柱皮层以内的所有组织称中柱。中柱外层无明显的中柱鞘。中柱内的维管束是最主要部分；由初生韧皮部和初生木质部所组成（图1-1）。

2. **次生构造** 枝条（茎）能够产生次生构造和不断增粗，是由于形成层细胞和木栓形成层细胞不断分裂的结果。枝条的次生构造，是由周皮、韧皮部、形成层、木质部和髓部组成（图1-2）。

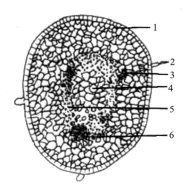

图1-1 茎的初生构造
1—表皮 2—表皮毛 3—皮层
4—髓 5—初生木质部
6—初生韧皮部

在显微镜下观察一年生枝条的横切面，可以看到最外一层是表皮。表皮内接着是木栓层、木栓形成层、栓内层，这三层合称为周皮。周皮在枝条的加粗生长中，逐步代替表皮的作用。周皮中的木栓层是由多层细胞集合而成。层数多的耐寒力强，反之则弱。

周皮内侧便是韧皮部，是由形成层细胞向外分裂分化而成，包括韧皮纤维、筛管、伴胞和韧皮薄壁细胞等部分。桑茎的韧皮部具有乳汁管，内有白色乳汁，当枝条受伤时，分泌乳汁覆盖伤口，起着良好的保护作用。

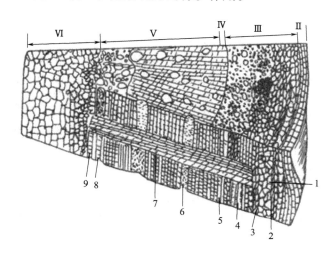

图1-2 桑枝的次生构造
I—表皮（图中不显示） II—木栓层 III—韧皮部 IV—形成层 V—木质部 VI—环纹导管
1—皮孔 2—乳管 3—皮层细胞 4—韧皮纤维 5—筛管 6—网纹导管
7—髓射线 8—煤纹导管 9—环纹导管

形成层在韧皮部内侧，呈环状排列，由扁而狭长的细胞组成。桑树在冬季休眠时，形成层停止活动，一般只有一层形成层母细胞。春季温度上升以后，形成层母细胞开始分裂活动，层次增加，达到5～7层次后，便开始分化，向外分化形成次生韧皮部，向内分化形成次生木质部，使枝干不加粗。在生产实际中，桑树经常复伐，致使生长暂时停止，待新芽萌发后，形成层当年进行第二次活动，由一年出现两个年轮，称为假年轮。春伐桑树后，有这种现象。

形成层的内侧是木质部，是由形成层细胞分裂分化而成，包括木纤维、管胞、木质薄壁细胞等。

髓在枝条中心部位，由大型的不规则的薄壁细胞组成。在木质部和髓交界的髓界部储有较多的养分。髓射线由排列整齐的薄壁细胞组成。从髓部开始呈辐射状，间隔地分布在木质部和韧皮部内，起着横向运输的作用。韧皮部和木质部之间的物质交换都在这里进行。

第二节　国内桑枝种植及其应用现状

我国是世界蚕业的发祥地，也是桑树植物资源的起源中心和分布中心。从"神农耕桑得利"、"伏羲化蚕"、黄帝"淳化鸟兽虫蛾"、嫘祖"始教民育蚕"等的史籍记载，到张骞奉命出使西域，开辟著名的"丝绸之路"，不仅反映了中国发明栽桑养蚕的古老历史，同时也反映了中国栽桑养蚕文化对世界文明的贡献。从中国蚕桑业发展史来看，桑树的栽植与中国数千年历史紧密相联，并长期影响国计民生。随着科技的不断发展和进步，桑树学科的研究和桑树栽植已不仅仅是单纯为了养蚕，而是向养蚕、生态、绿化、食品、医药等方面发展，呈现多元化利用格局。

一、我国的桑树种质资源及其分布

1. 种质资源　根据国内外植物学家的分类学说，经过整理和鉴定，我国有15个桑种及4个变种，是世界上桑种最多的国家，其中栽培种有鲁桑、白桑、广东桑、瑞穗桑等4个；野生种有长穗桑、长果桑、黑桑、华桑、细齿桑、蒙桑、山桑、川桑、唐鬼桑、滇桑、鸡桑等11个；变种有蒙桑的变种鬼桑，白桑的变种大叶桑、垂枝桑、白脉桑等。目前，我国已搜集保存的桑树种质资源数量达到2600余份，是世界上桑树种质资源拥有量最多的国家。

2. **种质资源分布** 我国的桑树种质资源广泛分布在全国各地，西南、华南等是我国桑树种质资源分布的主要地区。四川、贵州、福建、河南等省都发现千年以上古桑。在西藏发现树龄1650年左右的古桑，其树干直径超过4m。在雅鲁藏布江畔及江心岛上还保留着较大面积的千年古桑林。桑树长期生长在不同的生态环境中，各个地区的典型种质资源成为相应的生态型。按照生态型分布划分，我国的桑树种质资源分布如下。

（1）珠江流域的广东桑类型以广东、广西分布为主。桑树发芽早，多属早生早熟桑，叶小，枝条细长，花、葚多，再生能力强，耐剪伐，抗寒性弱，耐湿性强。

（2）太湖流域的湖桑类型以太湖流域分布为主。多属中、晚生桑，叶形大，叶肉厚，叶质柔软，硬化迟，发条数中等，枝条粗长，花、葚较少。

（3）四川盆地的嘉定桑类型以四川、重庆分布为主。多属中生中熟桑，发条数较少，枝条粗长，叶形大，硬化迟，花穗较多，葚较少，抗真菌病能力强。

（4）长江中游的摘桑类型主要指安徽以及湖南、湖北的部分地区。多属中生中熟桑，发条数少，枝条粗壮，叶形很大，硬化迟，花穗小，葚少，抗寒性较弱，树型高大。

（5）黄河下游的鲁桑类型主要包括山东及河北的部分地区。多属中生中熟或晚生晚熟桑，发条数中等，枝条粗短，叶形中等，硬化较早，花、葚小而少，抗寒耐旱性较强，易发生赤锈病。黄土高原的格鲁桑类型包括山西省、陕西省的东北部和甘肃省的东南部。多属中生中熟桑，发条数多，枝条细直，叶形较小，硬化较早，耐旱性较强，易感黑枯型细菌病。

（6）新疆的北桑类型包括新疆、青海以及藏北和陇北的部分地区。多属晚生中熟桑，发条数多，枝条细直，花、葚较多，根系发达，侧根扩展面大，适应风力大、沙暴多和干旱天气的不良环境，抗病能力较强。

（7）东北的辽桑类型主要包括东北三省及周边地区。多属于中生中熟桑，发条数多，枝条细长且弹性好，抗积雪压力能力强，硬化早，根系发达，入土层深，抗寒性强，易发生褐斑病。

二、桑树的多元化利用

人们充分利用桑树资源的独特功效，研究开发出了在医药、食品、化工、动物养殖等领域利用的产品。这不仅变废为宝，避免了环境污染，而且对拓宽传统蚕丝业的产业领域，促进蚕丝业的持续发展有重要意义。

1. **桑枝的利用** 桑枝条可分为桑皮部、木质部、髓部三大部分。桑皮的外层称外皮部（也叫黑皮），靠近木质部部分的皮层称韧皮部（也叫白皮）。一般而言，木质部占桑枝条的40%～50%，韧皮部占8%～10%，外皮部占5%～7%，但因品种、部位不同，枝条各部分比例也有差异。

（1）在医药上的利用。桑枝所含化学成分种类较多，主要有多糖、黄酮类化合物、香豆精类化合物、生物碱，此外还含有挥发油、氨基酸、有机酸及各种维生素等，是一种传统的中药材。传统医药记载，桑枝性平、味苦，入肝、脾、肺、肾经，具有祛风湿、利关节、行水气之功效，主治风寒湿痹、四肢拘挛、脚气浮肿、肌肤风痒等。近代中医把桑枝加入复方药中服用，可治疗类风湿性关节炎、高血压，颈椎病引起的上肢麻木，还可用于治疗糖尿病引发的周围神经病变。

（2）在食品上的应用。桑枝皮中还含有较多的果胶。通过碱煮、过滤、酸化、沉淀等程序可以提取果胶，用作食品工业和医药工业原料。果胶能促进人体的代谢，使代谢氮部分随粪便排出，具有较好的降血脂、降低胆固醇和抑菌作用。同时，果胶还是治疗肠道失常症的良方，也可作止血药的辅助剂、人造血浆的增稠剂以及铅、汞等重金属中毒的良好解毒剂和预防剂。

桑枝富含的多种营养成分，非常适合作为食用菌的培养基质。桑枝屑做培养基质栽培香菇、黑木耳、蘑菇、姬菇等食用菌，品质好，产量高，质量上乘，经济效益显著。同时，桑枝中富含有钾、钙、镁等16种矿质元素，硒的含量尤其高，可用于培养富硒蘑菇。还可以用来栽培桑枝灵芝，桑枝灵芝与杂木灵芝、原木灵芝相比，主要药理成分灵芝多糖高30%以上。

（3）在化学工业上的利用。由桑枝提取的促进毛发生长的物质制取的养发液不仅对人的枯发病和脱发、落发病有效，对毛皮生长也有良好的促进作用。桑条是生产纤维板的好原料，利用桑条生产纤维板，可大幅度提高经济效益，利用桑枝中纤维素和灰分含量比一般木材高的特性，已开发出桑枝高档纸。

（4）在纺织工业上的应用。桑枝的韧皮中含有桑皮纤维的含量占50%左右，通过对韧皮进行脱胶处理制得桑皮纤维。桑皮纤维时一种新型的天然植物纤维，应用于纺织领域始于20世纪90年代，国内许多学者对桑皮纤维的脱胶、纺、织、印染处理等方面进行了研究。南部县绿神丝绸有限责任公司积极探索桑皮纤维制造设备技术、对桑皮纤维进行科技成果转化开发，2005年4月，桑皮纤维织衣项目、初试、中试已完成。瞿才新等人对桑皮纤维的可纺性进行了深入研究，利用桑皮纤维开发了高品质色纺服装面料并实现了产业化生产。

2. **桑叶的利用** 生长期的桑叶，水分约占75%，干物25%左右。干物中粗蛋白约占29%，粗脂肪5%，可溶性碳水化合物20%左右，灰分12%。

（1）在医药上的利用。我国的许多古典医药著作中记载将桑叶作为中医临床常用的中药材，利用桑叶及其复方治疗上呼吸道感染、鼻出血、眼疾、痤疮、高血压、高血糖、丝虫病性象皮肿和乳糜尿等疾病，均有明显效果。姚连初等利用单味桑叶研制桑叶注射液，该注射液有抗丝虫病的作用，用于治疗象皮肿、丝虫性淋巴结炎和淋巴管炎。王培义等利用桑叶分别研制了桑叶片、桑叶浸膏胶囊、桑叶口服液等制剂，用于治疗丝虫性象皮肿和乳糜尿。广东省农业科学院蚕业与农产品加工研究所从桑叶中提取降血糖的有效成分，并将其开发成防治糖尿病的新产品——桑宁茶，药理和临床试验证明其降糖效果明显。佟伟功等利用桑叶、菊花、决明子等中药开发了一种明目液，可清除眼内异物、消除眼睛疲劳、预防眼黏膜炎症，具有明目、防治眼睛干涩和眼部美容的作用。

（2）在食品上的利用。桑叶对人体无任何副作用，作为调节生理、维护健康、增强体质的食品越来越受人们的欢迎，特别适合糖尿病患者、高血压患者。桑叶因其风味独特、绿色无害、天然保健等特点受到人们的喜爱。目前利用桑叶研制的食品很多，包括普通食品、保健食品、饮料、调味品等，已开发的产品有桑叶茶、桑叶汁饮料、桑叶冰淇淋、桑叶挂面、桑叶豆腐、桑叶饼干、桑叶豆粉、桑叶酒、桑叶火腿肠、桑叶醋、桑叶酱等。

（3）在动物养殖上的利用。桑叶作为动物饲料尤其是青绿饲料的最显著特性是具有很高的消化率，动物体内和体外试验证明，在通常情况下动物对桑叶的消化率为70%~90%。桑叶作为饲料的另一重要特性是对所有家畜都具有很好的适口性，当动物首次接触桑叶时，很容易接受而无摄食障碍。桑叶作为泌乳母牛的补充料，能提高奶产量并降低饲料成本；桑叶作为幼犊牛的补充料，可以节约牛乳或代乳料的消耗量，并促进犊牛瘤胃的发育和成长。

3. **桑根的利用** 在桑园改造更新时，常常挖掘桑树，得到大量的桑根。桑根刮去最外面一层黄棕色皮，再除去里层木质部，取白色的内皮晒干，即为桑根白皮。桑根白皮含桑皮素、桑皮色烯素、环桑皮素、环桑皮色烯素及桦皮酸等，具有很大的利用价值。

（1）在医药上的应用。桑白皮，味甘，性寒，能泻肺平喘及行水消肿，主治肺热、水肿、小便短少、糖尿病及骨折等症。它是我国常用的大宗中药材，药用价值较高，应用范围较广泛。用酒精和热水浸提桑根皮得到的降压剂，都有降压效果，使用量越多，则降压作用越大，并且以热水浸提到的成分降压作用持续时间较酒精浸提的长。如果把桑根置蒸釜内蒸煮，可得到茶褐色的蒸煮液，加入洗澡水中，用其沐浴，对中风、神经性疾病等有特效。

（2）在食品上的应用。桑根风干，切碎，加水煮沸得浸泡液，其碎渣再加适量烧酒蒸煮，蒸煮渣用浸泡液浸泡，最后的浸泡液再加食用酒精和适量香精即成桑根酒。

（3）在化工上的应用。利用桑根制取的养发素可作为商品投放市场，对防止落发、头屑多等有较好的效果，还能滋养头发，增加光泽。

4. 桑葚的综合利用 桑葚前期为绿色，中期变为红色，成熟后为紫黑色（也有呈白色的）。因品种、栽培条件的不同，成熟的早晚、大小、形状以及品质都有较大差异。

桑葚中，水分一般占84.71%，粗蛋白0.36%，游离酸1.86%，转化糖9.19%，粗纤维0.91%，灰分0.66%。此外，还含有芸香甙、花青素甙、胡萝卜素、维生素B、B2、C、烟酸、脂肪油（主要在种子内）等。

（1）在医药上的利用。桑葚膏是由桑葚水煎液与蔗糖糖浆熬制成的棕褐色黏稠液体，具有补肝肾、益经血的作用。将桑葚汁和蜂蜜按10∶4的配方熬制成桑葚蜜，其功能滋养肝肾、补益气血，可治疗青年白发、神经衰弱等症。以桑葚、茯苓、山药等为原料，并配以强化锌制成的"降脂延衰液"具有降低血清总胆固醇、甘油三酯、低密度脂蛋白胆固醇、过氧化脂质、动脉硬化指数及升高血清锌的作用，并可能有增高血清高密度脂蛋白胆固醇和红细胞中8OD活性的效应，预防动脉硬化和血管老化及一定的延缓衰老的作用。胡觉民等利用桑葚、枸杞、山药、茯苓等药食两用中药材研制了"降糖颐寿饮"，动物试验表明，该保健饮品能对抗四氧嘧啶和肾上腺素引起的高血糖。赵学军等用桑葚、虎杖、绞股蓝等中药研制成五味肝泰冲剂，大鼠皮下注射［4g/（kg·d）］能使由CCl_4引起的谷丙转氨酶降低，其组织病理学有明显改善，但不影响血清蛋白，与乙肝宁冲剂效果相差无几。

（2）在食品上的利用。在食品工业中，利用桑葚已经开发出桑果汁、桑葚乳饮料、桑果酒、桑果酱、桑葚冰淇淋、桑果醋等食品，还从中提取天然食用红色素作为食品添加剂。广东省农业科学院蚕业与农产品加工研究所采用建立桑葚基地、就地榨汁、低温储存桑果原汁等手段，成功地解决了桑果汁的原料供应问题，研制出鲜榨桑果汁饮料推向市场。而且，采用全汁发酵方法生产的桑葚果酒，具有颜色鲜艳、营养丰富、醇香可口等特点，所含花青素和白藜芦醇分别是市售红葡萄酒的

5倍和2倍，有一定的保健作用，是一种可以同葡萄酒相媲美的保健果酒。董玉新用食用酒精浸泡桑葚研制出桑葚浸泡酒。童汉清等在普通冰淇淋的基础上加入新鲜桑葚汁，研制出桑葚冰淇淋，使冰淇淋的营养更加全面，既可解暑又有保健功效，还具有艳丽诱人的颜色，是夏日理想食品。阆州醋业公司利用固态发酵生产了桑葚醋，其色泽红棕、香郁甘醇，富含人体所必需的多种氨基酸和微量元素，有开胃健脾、强身固体等功效。

（3）在化学工业上的利用。桑葚含有丰富的天然红色素，是生产天然食用红色素的理想资源。利用桑葚红色素随pH的改变发生灵敏变化，而且颜色变化具有可逆性的特性，可作酸碱指示剂。将桑葚红色素用于蚕丝织物染色上的研究表明：桑葚红色素具有良好的染色性能，经桑葚红色素染色的蚕丝织物具有优良的抗紫外线性能。桑葚因具有乌发、生发、滋养毛发等作用，可用来作化妆品，如桑葚香波、发油、护发素等。

三、桑皮纤维的国内外研究现状

在国外工业化发达的地区拥有传统种桑养蚕业的国家很少，对桑皮纤维的开发利用还没有引起人们足够的重视。即使是一些传统的桑蚕养殖国家，对这方面的资源开发也仅处于起步阶段，因此，国外利用桑树枝开发纺织纤维方面的研究与开发生产几乎没有。

国内对桑枝的综合利用及桑皮纤维基本性能的认识始于20世纪90年代，对桑皮的综合利用及桑皮纤维基本性能有了初步认识。目前，关于桑皮纤维的研究主要集中在如下几个方面。

1. **桑皮纤维脱胶工艺**　制取桑皮纤维的方法主要还是集中在自然脱胶法、化学脱胶法等一些传统的脱胶方法上，这些方法的缺点是脱胶工艺过长，脱胶效果不明显或对桑皮纤维中纤维素损伤过大、环境压力大，极大地限制了桑皮纤维的产业化。利用微波—生物酶—化学辅助联合法脱胶具有环保、高效的特点。

2. **桑皮纤维结构与性能**　桑皮纤维结构与性能主要是指形态结构、聚集态结构和力学性能。采用数字式光学显微镜、扫描电子显微镜观察和研究桑皮纤维的纵向表面和横截面形态特征；利用红外光谱仪、X射线衍射仪、偏光显微镜等现代物理测试分析方法，对桑皮纤维的内部结构进行研究。

3. **桑皮纤维纺纱及织造技术**　桑皮纤维与大多数天然纤维或常规棉型化学纤维有良好的互混性，工艺纤维由于纤度粗，通常只能纺粗特纱，可利用其纤维长度长的优势，直接与棉、麻、棉型化纤等纤维混纺，开发中粗特桑皮纤维混纺纱线。目前已有桑皮纤维/棉、桑皮纤维/黏胶基甲壳素纤维、桑皮纤维/棉/丝、桑皮纤维/苎麻/竹浆等各类混纺纱见诸报道，同时也有人开发了桑皮纤维/棉转杯纱。可以利用桑皮纤维混纺纱开发各类机织和针织面料。

4. **桑皮纤维染整技术**　由于桑皮纤维是纤维素纤维，用棉等纤维素纤维的染色方法即可对其进行染色。桑皮纤维可用直接染料、还原染料、碱性染料、硫化染料等进行染色，上色效果非常好。

5. **桑皮纤维非织造及复合材料加工**　可用环氧树脂将碳纳米管和桑皮纤维结合一起制成具有吸波功能的复合材料；也可采用棉纺的开清棉设备，结合气流成网与水刺加工技术生产出具有自然降解、抗菌抑菌的水刺医用非织造布。

四、桑皮纤维开发的生态意义

每亩桑田的废桑枝条可产桑皮纤维近100kg，过去部分用来当柴烧，后来人们生活水平提高了，农村也用上了液化气，大量的桑条被弃在了田头。将桑枝变废为宝，开发新型的桑皮纤维，并利用此类纤维开发纱线及纺织产品，不仅可以缓解纺织资源紧张的问题，而且还能为农民增收开辟新渠道。同时，可以科学地解决桑枝燃烧带来的环境污染问题。

第二章 桑皮纤维的制取

第一节 鲜茎皮杆分离

一、桑枝鲜茎结构与特点

1. 鲜茎结构

（1）纵向结构。桑枝（茎）新梢顶端由上而下分为分生区、伸长区和成熟区，通过顶端分生组织的活动，保持新梢不断生长。

（2）横向结构。成熟区桑茎的初生结构，由外向内依次为表皮、皮层和中柱三部分。桑幼茎的皮层细胞中含有叶绿素，能进行光合作用。随着茎的生长，成熟区维管束中间的形成层细胞分裂，产生次生木质部和次生韧皮部，使茎不断地加粗生长，并逐渐由初生结构过渡到次生结构。桑茎的次生结构主要由周皮、韧皮部、形成层、木质部和髓部组成，桑茎在生长过程中随着形成层细胞的不断分裂形成次生组织，逐渐长成一年生枝条，并随着树龄的增长，进而成为枝干。枝条上着生芽或叶的部位称节，节与节之间的距离一般2~4cm，枝条上着生许多不规则的气孔，这是枝条内部与外界进行水分和气体交换的通道（图2-1）。

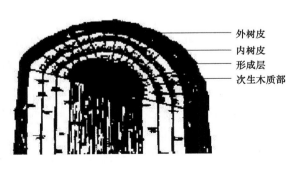

图2-1 桑茎横切面

2. **鲜茎特点** 桑树鲜茎的主要特点与其木质部紧密相关。在各种树木中，桑树木质紧密，密度较大，硬度较高，常用来制作耐用的农具。桑树的端面硬度为 $857kg/cm^2$，而泡桐为 $151 \sim 225kg/cm^2$，黄檀为 $1263kg/cm^2$，可见其硬度之大。桑树鲜茎虽是一年生，其硬度也较一般树木一年生鲜茎为大。

桑树鲜茎的另一个特点是其柔韧性好，即使将其弯折至很大弧度，也不开裂或折断。

桑树鲜茎除去上述特点外，还存在纵向形状不规则（并非笔直，而是呈一定弯度，头尾直径也有差异），甚至分叉，或存有分叉剪去后的节疤（图2-2）。

一般树木枝条的树皮部分与木质部分之间有形成层，因而树皮与木质部的剥离是可能的。如柳树的柳枝，剥离起来就比较简单，剥离出来的树皮也很连续。但桑树鲜茎由于存在不规则的节疤，使得这种剥离并不连续，也并不容易。

图2-2　桑树鲜茎外观

与很多树木枝条一样，桑树鲜茎也只有在新鲜的情况下更容易剥离。如果放置时间过长，随着枝条的干枯，树皮将更加难以剥离出来。

综上所述，即使在新鲜情况下，桑树鲜茎的皮杆分离也较麻类、柳树等较软树木困难，要规模化生产，必须借助有效的专门机械。

二、桑枝鲜茎皮杆分离要点

结合以上分析，不难看出，使用机械实现桑枝鲜茎皮杆分离的要点如下。

（1）在桑枝新鲜情况下实施剥离，此时树皮和木质部之间水分充足，剥离比较容易。

（2）剥离桑枝时，要充分考虑树枝之间的差异性，如形状、粗细、长短等，提高机械的适应性。

（3）剥离桑枝时，要充分考虑单根树枝的差异性，如头尾、节疤处、分叉处等，提高机械的利用率。

（4）桑枝硬度大、韧性强，如采用挤压式剥离树皮，就要去比较大的压力和较小的挤压辊半径。

（5）使用机械实现桑枝鲜茎皮杆分离，出于成本考虑，要尽量减少人工，最佳的是实现皮杆的完全自动分离。当然，考虑到桑枝剪割时为非农忙阶段，出于成本考虑，也可由人工代替部分工作，如后期皮杆的分拣。

第二节　桑枝剥皮机的开发

一、桑枝剥皮机研究概况

要规模化生产桑皮纤维，首先要获得桑皮。由于桑树的种种特点，使得桑树较黄麻、大麻等较难获得其外皮，但麻的外皮加工机械可以为桑枝剥皮机提供一定借鉴。目前，国内已经出现了一些麻的皮杆分离机和桑枝剥皮机，现加以介绍。

中国专利CN201087221Y公布了一种用于黄麻及大麻的皮杆分离机，其结构如图2-3所示。机架上安装两组压辊，每组压辊由外形相同的上下两个压辊组成，上下两压辊的轴线垂直运动方向相反，依次为握持碾压辊1和剥麻辊2。两组压辊的轴线相互平行，握持碾压辊1的外圆周上均匀分布光滑的凹凸圆弧浅齿，上下压辊相互啮合速度相同；剥麻辊2的外圆周上均匀分布带有圆弧的条形齿，上下压辊相互啮合速度相同；第二组压辊与第一组压辊的线速度比值为3.25（图2-3）。另外，该机还设有喂麻输送带3和出麻输送带4。

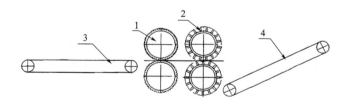

图2-3　用于黄麻及大麻的皮杆分离机机构示意图

中国专利CN101811318A公布了一种桑树枝条剥皮机，如图2-4所示。它有一个电动机驱动的减速机。减速机为一进六出式减速箱，减速机的三对输出轴通过六个万向轴接器分别与三对对压式辊筒轴连接。对压式辊筒表面均为相同的月牙状齿轮，对压式辊筒的轴两端都安装滚珠轴承并固定在轴承套内。其中下辊筒轴承套固

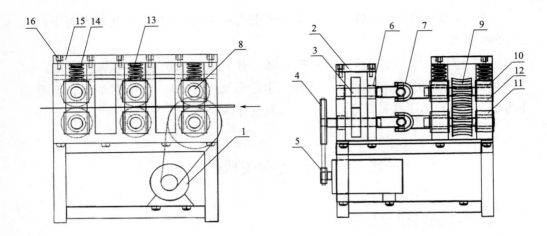

图2-4 专利CN101811318A的桑枝剥皮机结构图

1—电动机 2—减速箱 3—减速箱齿轮 4—大皮带轮 5—小皮带轮 6—滚珠轴承 7—万向轴接器
8—对压式辊筒轴 9—对压式辊筒月牙齿轮 10—滚珠轴承 11—滚珠轴承套 12—滑动轴承套
13—压缩弹簧 14—定位销 15—辊筒架盖板 16—螺栓

定在辊筒架上，而上辊筒轴承套在辊筒架滑动槽内可随着弹簧伸缩而上下移动。在滑动的轴承套上面安装压缩弹簧，弹簧由上下定位销固定定位。

从这两种机器的构造来看，实现皮杆分离的主要原理是：利用压辊进行碾压，并且压辊设计成一定形状，方便喂入和碾压。由于桑树鲜茎较硬的特点，如果一开始碾压辊间距过小，将使得桑枝难以进入，故而间距要合适，或者碾压辊外表面采用齿轮式设计。喂入后，要实现皮杆分离，则需要有力的碾压辊。考虑桑树鲜茎可能粗细不一，要增强机器的适用性，压力可调最好的方式就是利用弹簧加压。

以上是检索文献获得信息。实际生产中，针对麻的皮杆分离机市场上已有加工使用记录。桑树枝条剥皮机虽有专利公布，但市场上目前未见批量使用，当然也可能是此产品仍处于市场化初期，未及大规模推广。

二、SZBPJ型桑枝剥皮机结构与原理

如上所述，目前市场上还未见批量生产、使用的桑枝剥皮机。为此，盐城工业职业技术学院与盐城晟达纺织机械有限公司联合研制了SZBPJ型桑枝剥皮机（图2-5）。现将其结构原理与使用情况加以介绍。

SZBPJ型桑枝剥皮机主要工作机构由主压辊1、左压辊2和右压辊3组成，它们自身结构及其互相的位置关系如图2-6所示。主压辊1为笼形结构，它由六根光轴5焊

图2-5　SZBPJ型桑枝剥皮机

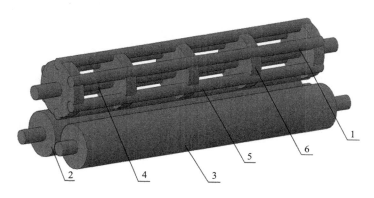

图2-6　SZBPJ型桑枝剥皮机主要工作机构

1—主压辊　2—左压辊　3—右压辊　4—传动轴　5—光轴　6—支撑盘

装在五片支撑盘6上组成。五片支撑盘又被一根传动轴4贯穿，传动轴两端伸出用于传动。左压辊2和右压辊3为实心钢辊，且表面加工有横向刻痕（图2-7），以增加摩擦力。

SZBPJ型桑枝剥皮机主要工作机构虽然结构简单，但其通过巧妙的设计实现了三种作用：喂入、碾压和弯折。图2-8为其具体过程示意图。

喂入、碾压的关键均在于主压辊和右压辊的间距是变化的，如图2-8（d）所示。此时两者间的间距为d_1，但转过30°之后，两者间的间距将变为2-8（e）的d_2，很显然

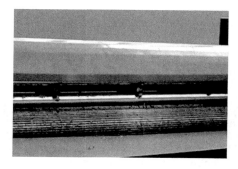

图2-7　压辊及其上的刻痕

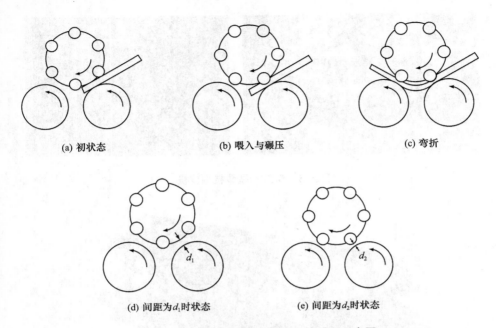

(a) 初状态　　　　　　(b) 喂入与碾压　　　　　　(c) 弯折

(d) 间距为d_1时状态　　　　　(e) 间距为d_2时状态

图2-8　SZBPJ型桑枝剥皮机工作过程示意图

$d_1 > d_2$。当机器处于图2-8（d）位置时，由于d_1也大于枝条直径，因而桑枝条可以轻松进入［图2-8（a）］。随着机器运转，d_1变小为d_2，主压辊和右压辊握紧桑枝条一同前进，实现喂入的同时对桑枝条进行碾压［图2-8（b）］。弯折则发生如图2-8（c）所示，弯折有利于桑枝的皮杆分离。

　　SZBPJ型桑枝剥皮机采用电动机拖动，传动使用链条、链轮。传动机构较简单，不再详细说明。

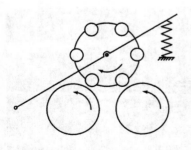

图2-9　SZBPJ型桑枝剥皮机加压机构示意图

　　最后，为了增加机器的适用性，主压辊采用了如图2-9所示的弹簧为主的加压机构，使用时调节弹簧初张力，就能获得不同的加压效果。

　　实际使用情况说明，SZBPJ型桑枝剥皮机能较为有效的实现桑枝鲜茎的皮杆分离，图2-10表明了其分离效果。在此基础上，进一步进行简单人工分拣便可得到桑皮。

　　SZBPJ型桑枝剥皮机外形较小（长宽高分别为1500mm、900mm、1200mm），动力使用1.5kW电

图2-10 SZBPJ型桑枝剥皮机加工后的桑枝

动机，也可使用农用柴油机代替，因而非常适合种桑农户使用。当然，本机型也存在一定不足，主要是自动化程度还有待进一步加强，不能实现枝杆和树皮完全自动分离。要实现这种功能，可以根据树皮较软、枝杆较硬的特性去改进机器，目前盐城工业职业技术学院已开展起这方面的研究工作。

第三节　桑皮脱胶

众所周知，要从植物韧皮上获得具有一定可纺性的纤维，就必须首先将韧皮中的胶质等除去，即脱胶。脱胶在茎皮纤维的生产过程中具有举足轻重的地位，脱胶效果不理想，将直接影响其可纺性能，甚至影响纺织品的最终性能。因此，植物韧皮纤维脱胶是纺织品生产中非常关键的一个环节。植物韧皮纤维脱胶工艺如图2-11所示。下面详细介绍目前在国内外主要采用的几种植物韧皮脱胶方法。

一、机械脱胶

机械脱胶采用先对桑皮进行软化处理，以破坏桑皮表面胶质干硬固化壳，松解桑皮纤维和果胶的联结，利于桑皮的快速软化、膨润、溶胀和浸渍液渗透。随后再借助于专用机械设备的物理机械外力和辅助处理，对处理的软化桑皮施以物理方法为主的机械力脱胶、开纤和整理，从而实现桑皮脱胶过程的节能、降耗、减排及连续化生产。

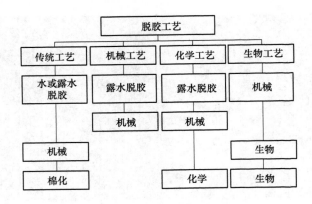

图2-11　植物韧皮纤维脱胶工艺

其基本工艺过程如下。

桑皮软化处理→浸渍→脱胶开纤→除杂开纤→水洗开纤→精炼→后整理。

1. **桑皮软化处理**　将桑皮喂入软化机进行机械力揉搓，在软化桑皮的同时除去其部分杂物。

2. **浸渍**　向浸渍装置内注入浸渍液。浸渍液配方为氢氧化钠4%～6%（owf），烷基苯磺酸盐0.3%～0.5%（owf）。浸渍的工艺为浴比1：（8～10），浸液温度80～100℃，浸渍时间10～12h。

3. **开纤**　经浸渍处理后的桑皮原料依次送入脱胶开纤机、除杂开纤机和水洗开纤机分步进行开纤。

（1）脱胶开纤。经浸渍处理后的桑皮由喂料罗拉输送喂入脱胶开纤机，通过在入口处均匀掺入的颗粒物与脱胶开纤工作区除杂滚筒及多组工作罗拉的共同作用，对桑皮进行全方位的机械力摩擦、挤压、揉搓、纵横向分撕开纤，使胶质逐步与纤维分离、去除。随后处理后的桑皮由转移毛刷剥取，受前方转移罗拉牵制送入除杂开纤机。

（2）除杂开纤。进入除杂开纤机的桑皮，通过除杂打手和振动式除杂筛筒的共同作用，在除杂打手不断打击、抛起、振动下，抖落掉黏附在纤维上的杂物，并受前方的牵引罗拉和输送罗拉牵制被送入水洗开纤机。杂物则通过除杂筛筒的网眼落入位于其下的尘室，掉落下的颗粒物被收集处理后再回用。

（3）水洗开纤。纤维层进入水洗开纤机后，在内网布和外网布的共同夹持下受到喷淋装置内外高压喷射水柱的交叉冲击和清洗，以充分去除果胶和杂物并分解纤维，然后经脱水压辊碾压脱除部分清洗水。被冲洗掉的颗粒物沉入水洗开纤机底部，由回收装置回收、处理后回用。

4. **精练**　通过作用温和的辅助精练处理即完成桑皮纤维制取。所制得的纤维进行传统脱胶后处理工序。精练液配方为氢氧化钠0.5%～0.7%（owf），亚硫酸钠0.1%～0.2%（owf），净洗剂0.2%～0.3%（owf）。精练工艺为浴比1∶12，温度95～100℃，时间1.5～2h。

二、生物脱胶

1. **传统的天然水沤微生物脱胶法**　我国自历史上应用韧皮纤维以来，一直沿袭"天然水沤"脱胶法。所谓的"天然水沤"就是将砍下来的桑枝扎成小捆，或者将从桑枝上剥取下来的桑皮扎成束，浸泡于池塘、沟渠、湖泊或河流等天然水域中进行微生物厌氧发酵脱胶，利用水中各种微生物的联合作用将高分子化合物的胶质分解成为小分子的化合物，从而将纤维素提取出来的方法。

此种脱胶方法的缺点脱胶过程需要大量的水，限制了此类植物在缺水地区的加工。脱胶过程受季节、气候的影响很大，这种植物茎皮脱胶方法，是早期我国麻农采用的最传统的方法。目前除了在个别地区仍在使用以外，在其他地区已很少使用。

2. **微生物脱胶法**　针对环境污染的问题，人工培养细菌的新型微生物脱胶方法近来备受瞩目，国内外已有不少这方面的研究文章发表，但多数是针对苎麻、亚麻等。从研究结果来看，该法纤维素与木质素、半纤维素的分离效果不稳定，由于不同的水源具有不同的水质、水温和微生物种类，影响因素非常复杂，使得沤制过程难以控制，脱胶时间较长。不过微生物脱胶方法因为无需使用有害化学助剂而对环境污染较少。

微生物脱胶是利用微生物来分解胶质。微生物脱胶可以两种途径进行，一种途径是将某些脱胶细菌加在植物茎皮上，细菌利用植物茎皮中的胶质作为营养源而大量繁殖，细菌在繁殖过程中分泌出一种酶的物质来分解胶质。酶是由生物产生的一种蛋白质，能加速体内各种生物化学反应，被称为生物催化剂。酶的催化作用具有专一性，如果胶酶只能水解果胶，半纤维素酶只能水解半纤维素。脱胶菌在繁殖过程中产生的酶来分解胶质，使高分子量的果胶及半纤维素等物质分解为低分子量的组分溶于水中。另一种途径是将能脱胶的细菌培养到细菌的衰老期后产生大量的粗酶液，粗酶液可用来浸渍植物茎皮来进行脱胶。

生物脱胶有使用方便，脱胶温度温和、化学污染少的优点。目前菌种的酶活力还不够高，微生物脱胶后的植物茎皮还含有较多的胶质，脱胶质量不易控制，锅批与锅批之间脱胶质量相差较大，精干茎皮纤维产品质量稳定性非常差，并且生物脱胶过程中无法进行人为的控制，有可能存在脱胶不彻底的缺点，最终还要辅以化学脱胶才能达到后道工序的要求。

三、碱煮脱胶

通过对桑皮成分的化学分析可知，桑皮中的纤维素和胶质对烧碱作用的稳定性差异很大。化学脱胶的基本原理就是利用桑皮中纤维素和胶质成分对碱、无机酸和氧化剂作用的稳定性的不同，以化学方法去除茎皮中的胶质成分，保留纤维素成分。在化学脱胶工艺中以碱剂为主，辅以氧化剂、其他助剂和一定的机械作用，以达到工业上脱胶质量的要求，获得优良的精干茎皮纤维质量。

目前比较常用的脱胶工艺过程有如下几种：一煮法工艺、二煮法工艺、二煮一练法工艺、二煮一漂工艺、二煮一漂一练工艺。一煮法工艺最简单，只适于纺粗特纱；二煮法其特点是工艺比较简单，化工原料耗用不多，桑皮纤维质量有所提高，适于纺粗特纱用；二煮一练法工艺生产的桑皮纤维质量较好，适于纺中细特纱；二煮一漂工艺生产的桑皮纤维质量较好，适于纺中细特纱，处理时间大大缩短；二煮一漂一练方法的特点是在碱液煮练或在精炼后增加一道漂白工序，可降低桑皮纤维中木质素的含量，有利于提高纤维的白度、柔软性和可纺性，桑皮纤维质量好，适用于纺细特纱，但工艺流程长，生产成本高。

除了上述工艺外，还可采用二煮二漂及二次打纤等工艺，以加强对胶质的去除，提高桑皮纤维的质量。但过长的工艺流程，无疑增加了生产成本，降低了生产效率。总而言之，现行的桑皮纤维脱胶工艺生产的桑皮纤维虽能满足粗纺要求，但还存在着工艺流程长、工序多、劳动强度高、噪声大、对环境污染严重等缺陷。

四、闪爆脱胶

蒸汽爆碎简称"汽爆"，又称"闪爆"。蒸汽爆碎技术由美国学者W.H.Mason于1928年发明，当时为间歇法生产，主要是用于生产人造纤维板。从20世纪70年代开始，此项技术也被广泛用于动物饲料的生产和从木材纤维中提取乙醇和特殊化学品。80年代后，此项技术有很大的发展，使用领域也逐步扩大，出现了连续蒸汽爆碎法生产技术及设备，即加拿大Stake Technology公司开发的连续蒸汽爆碎法工艺及设备，并产生许多专利。80年代后期，Stake Technology公司，将此项技术应用于制浆造纸领域。它与加拿大魁北克大学共同研究，先后对杨木及非木材纤维原料进行了大量的蒸汽爆碎试验，取得了很好的效果。在此基础上，开发研制了蒸汽爆碎制浆技术和设备，并在制浆废液用于生产动物饲料技术方面也有深入的研究。现已发展成为一项重要的工业过程平台技术。蒸汽爆碎技术为进一步推广经济清洁的和提升改造传统的污染产业提供了可能。蒸汽爆碎一种预处理方法。原料用蒸汽加热至180~235℃，维压一定时间，在突然减压喷放时，产生二次蒸汽，体积猛增，受机械力的作用，其固体物料结构被破坏。在桑皮纤维的脱胶过程中可以采用闪爆法迫使纤维素和果胶大程度的分离。

蒸汽爆碎的几个优点可归纳如下。

（1）可应用于各种植物生物质，预处理条件容易调节控制。

（2）半纤维素、木质素和纤维素三种组分会在三个不同的流程中分离，分别为水溶组分、碱溶组分和碱不溶组分。

（3）纤维素的酶解转化率可达到理论最大值。

（4）经过蒸汽爆碎处理后的木质素仍能够用于其他化学产品的转化。

五、超临界二氧化碳萃取

超临界流体（SCF）是指物体处于其临界温度（T_c）和临界压力（P_c）以上状态时，向该状态气体加压，气体不会液化，只是密度增大，具有类似液体的性质，同时还保留气体的性能。

超临界流体兼具气体和液体的优点，其密度接近于液体，溶解能力较强，而黏度与气体相近，扩散系数远大于一般的液体，有利于传质。另外，超临界流体具有零表面张力，很容易渗透扩散到被萃取物的微孔内。因此，超临界流体具有良好的溶解和传质特性，能与萃取物很快地达到传质平衡，实现物质的有效分离。

超临界流体萃取分离的原理　超临界流体萃取分离过程是利用其溶解能力与密度的关系，即利用压力和温度对超临界流体溶解能力的影响而进行的。在超临界状态下，流体与待分离的物质接触，使其有选择性地依次把极性大小、沸点高低和分子质量大小的不同成分萃取出来。然后借助减压、升温的方法使超临界流体变成普通气体，被萃取物质则自动完全或基本析出，从而达到分离提纯的目的，并将萃取分离的两个过程合为一体。

超临界流体萃取的溶剂　超临界流体萃取过程能否有效地分离产物或除去杂质，关键是萃取中使用的溶剂必须具有良好的选择性。目前研究的超临界流体种类很多，主要有二氧化碳、水、甲苯、甲醇、乙烯、乙烷、丙烷、丙酮和氨等。近年来主要还是以使用二氧化碳超临界流体居多，因为二氧化碳的临界状态易达到，它的临界温度（T_c=30.98℃）接近室温，临界压力（P_c=7.377MPa）也不高，具有很好的扩散性能，较低的表面张力，且无毒、无味、不易燃、价廉、易精制等特点，这些特性对热敏性易氧化的天然产品更具吸引力。

在生产上一般采用化学脱胶法，这种方法本身存在很大的缺点：如需在强酸、强碱，甚至高温高压等激烈条件下进行，因而能耗高，所用化学品对环境污染严重，且对桑皮纤维的质量有较大的影响，另外耗水量大、脱胶时间长也是问题。由于超临界流体萃取在溶解、萃取、分离和质量传递、溶剂回收等方面均有较大的使用价值，适合无污染、低成本、高效绿色化工的发展方向。

六、微波—生物酶—化学辅助联合脱胶

桑皮纤维脱胶常常借助几种不同的工艺来进行，以减少工艺流程，节约能耗同时降低污染，本节以微波—生物酶—化学辅助联合脱胶为例进行介绍，其脱胶工艺流程为：桑皮纤维自然、机械处理→调湿→微波处理→机械捶打除杂→浸酸预处理→水洗→碱中和→酶处理→（超声波、微波辅助）碱煮→水洗→打纤→水洗→脱水→给油→抖松→干燥→原棉杂质分析机分离纤维束。

1. 桑皮纤维自然、机械处理　经日晒处理后的桑皮纤维，胶质干化，其与纤维的粘着力已经大大降低，经过机械捶打，可以极大地减小胶质与纤维的结合程度，便于酶及化学试剂的吸附与渗透。部分胶质已脱离纤维，可直接去除。同时可以除去大部分的蜡质及部分外皮，大大减少脱胶压力。

2. 调湿　标准大气压，温度（20±2）℃，相对湿度（65±3）%，处理时间2～5h。

由于水（H_2O）是一种极性分子，根据微波处理的原理，调湿后可大大提高微波处理的效率。

3. 微波预处理　微波处理参数为微波功率0.5kW，处理时间0.5～1min，每隔1min要翻动一次。

利用微波技术加热介质材料时，介质材料吸收微波能量转化为热能，在微波电磁场每秒钟千百万次变化的作用下，待加热物质中极性分子随着交变的微波场不断

改变排列方向，克服分子原有的热运动与分子间相互作用力的干扰和阻碍，产生类似摩擦的效应使物体内部发热，从而可以在较短的时间内均匀有效地加热物质，这是微波应用于桑皮脱胶预处理中的理论基础。用微波处理时，这种特殊的加热方式使水分子快速地渗透到桑皮纤维的内部，引起桑皮中非纤维类物质迅速溶胀，部分可溶于水的胶质溶解，部分不溶于水的胶质的剧烈振动，减少了桑皮纤维与胶质的粘着力，为后面的生物酶及化学处理打开了通道。

4. **机械捶打除杂**　经微波处理后的桑皮纤维，胶质干化，其与纤维的粘着力已经大大降低，经过机械捶打，可以极大的减小胶质与纤维的结合程度，便于酶及化学试剂的吸附与渗透。同时部分胶质已脱离纤维，可直接去除。

5. **试样浸酸预处理**　硫酸溶液1.5g/L，温度50～60℃，浴比1∶（15～20），处理时间1h。

煮练前的浸酸预处理，采用硫酸可去除一部分果胶和杂质，减轻以后的煮练负担，提高煮练效率。由于酸在高温条件下会使纤维素发生水解，所以温度不能太高（一般不高于60℃）酸的浓度对纤维性能的影响较大，高浓度的酸会引起纤维水解。

6. **碱中和**　氢氧化钠溶液2.5g/L，常温常压，处理时间0.5h。

对浸酸预处理中残留在纤维上的酸进行中和，同时为碱性果胶酶的处理提供一个可靠的碱性环境。

7. **碱性果胶酶处理**　碱性果胶酶主要包括原果胶酶、裂解酶和果胶水解酶，多为液态浓缩型。配制2%～5%的碱性果胶酶溶液，温度55℃，常压，pH=9.0，浴比1∶20，处理时间3h。

碱性果胶酶能有效分解去除果胶质及其他共生物杂质，是一种比较理想的生物精练和煮练酶，脱胶效率高，可减少碱、酸（中和）和水（清洗）的用量；不损伤纤维，不影响纤维强力，低能耗、低水耗，降低废水中TDS、COD、BOD指数，减少环境污染，减轻污水处理压力，降低污水治理费用；同时，作业环境安全，对环境、操作人员及设备无害。

8. **（超声波、微波辅助）碱煮**　氢氧化钠溶液10g/L，在1000mL氢氧化钠溶液中分别加入30～50g三聚磷酸钠与30～80g水玻璃，配制成碱煮液，温度100℃，常压，浴比1∶15，处理时间2～4h。

上述碱煮过程在TXD-2024R型超声波清洗机中进行，频率20kHz，功率1kW。利用超声波的空化效应作用于桑皮的宏观与微观结构，从而大大提高桑皮纤维的脱胶效率，并极大地减少碱的浓度、用量及作用时间，从而达到节能、环保、高效的目的。

高温碱煮的作用主要是去除木质素，在此过程中木质素大分子发生分解，变成能溶于水的小分子物质。另外，酸处理过程中没有被溶解的果胶在碱煮过程中也一并去除，因此煮练的作用非常重要。由于纤维素在一般情况下对碱稳定，但在强碱高温条件下也会发生水解。碱的浓度对纤维的各项性能也有较大的影响，浓度过大，纤维脱胶较好，但对纤维损伤严重；浓度过小，脱胶不干净，梳理困难，难以成纱。所以，煮练过程对碱温度、浓度要严格控制。在煮练液中同时加入多聚磷酸钠、水玻璃等助剂，三聚磷酸钠是一种煮练助剂，可增强煮练时的去污效果；硅酸钠具有较强的吸附性能，可以吸附杂质，避免分解后的杂质二次污染纤维；同时也有较强的络合能力，能软化硬水，可与煮练液中的多价金属离子（钙、镁、铁等）生成较稳定的络合物，从而加速煮练过程的进行，并能稳定和提高脱胶质量，脱胶后的纤维具有强度高、短纤少、分离好、制成率高等优点。

9. **水洗** 将碱液滤除，用蒸馏水反复浸泡搓洗2~5次，使最终残液为中性或弱碱性。防止在烘干过程中，残留的试剂对桑皮纤维素过度处理，损伤纤维。

10. **打纤（每次碱煮之后）** 打纤又称为敲麻、拷麻，是煮练后处理的重要工序之一。经过煮练工序后，胶质的绝大部分已被溶解，但还有一部分黏附在纤维上，纤维被粘连在一起不能分离成单纤维。打纤可以利用打击混合水洗作用，去除纤维上残留的胶杂质，降低残胶，并使纤维松散。

11. **给油** 经脱胶后未经烘干的桑皮纤维还含有少量残胶，若将其直接干燥，纤维会相互并结变得脆硬。所以脱胶后的桑皮纤维在干燥之前必须进行给油处理。经过工艺优化改进，整个工艺过程耗时大幅减少。制得的桑皮工艺纤维为束状纤维，呈细条网状，纤维束长度比单纤维长，白度较好，手感较柔软。经适当开松处理后，可作纺织材料使用。

12. **烘干** 经水洗后的桑皮纤维滤除多余水分，自然晾晒2~3天，然后放到烘箱烘干。采用Y802型八篮烘箱，温度（105±3）℃，常压，处理时间1h。

在烘干过程中，每隔20min翻动一次。

13. **原棉杂质分析机分离纤维束** 烘干后桑皮纤维多数还成束状，通过原棉杂质分析机处理，使得束状纤维分离为单纤维状态。

第四节 桑皮循环脱胶装置的开发

针对现存桑皮纤维化学碱脱胶方法的弊端，科技人员设计一种桑皮脱胶装置，并结合此装置阐述了一种脱胶方法。根据此装置的设计原理，开发了脱胶小样机。

一、桑皮脱胶装置的设计思路

桑皮脱胶装置结构示意图如图2-12所示。

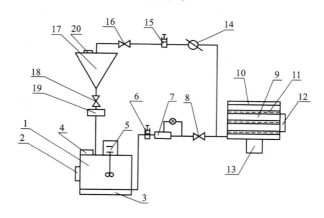

图2-12 桑皮脱胶装置结构示意图

1—调制釜 2—pH测试仪 3—PTC加热器 4—放料口 5—搅拌器 6、15—循环泵 7—计量泵
8、16、18—阀门 9—脱胶釜 10—桑皮放置口 11—多层孔板 12—微波发生器
13—超声波振荡器 14—过滤器 17—分离釜 19—滤胶器 20—沉淀剂添加口

桑皮脱胶装置设有一个调制釜，调制釜上有放料口。调制釜上固装一个搅拌器、一个PTC加热器和一个pH测试仪，调制釜通过管道分别与循环泵、计量泵和阀门连接，阀门通过管道与脱胶釜连接，脱胶釜上固装有超声波振荡器和微波发生器，脱胶釜上端为桑皮放置口，脱胶釜内部有多层孔板。脱胶釜通过管道与过滤器、循环泵、阀门连接，阀门通过管道与分离釜连接，分离釜上设置一个沉淀剂添加口，分离釜通过管道分别与阀门、滤胶器连接，滤胶器通过管道与调制釜连通。此脱胶装置可以克服现有技术的不足之处。上述装置所涉及电路均为已知或通用，在此不再赘述。

本装置的有益效果在于其结构简单，控制方便，脱胶效率高，效果好，耗能低，脱胶液经滤除果胶后可循环利用，大大减少环境污染。

二、桑皮脱胶装置的工作原理

工作时，从放料口注入适量软水到调制釜，打开搅拌器和PTC加热器，按工艺要求的碱浓度（根据脱胶液的pH来判断）向调制釜逐渐加入NaOH，直到pH测试仪测试的脱胶液的pH符合要求。PTC加热器对调制釜进行定时恒温加热，搅拌器开始定时恒速搅拌，使NaOH充分溶解。称取一定质量的经过预处理的桑皮（经过自然日晒、机械捶打、浸弱酸处理除去大部分青皮、蜡质、水溶物和少量果胶），从桑皮放置口均匀平铺到脱胶釜的多层孔板上，此时，打开阀门，脱胶液在循环泵的作用下，经计量泵、阀门进入脱胶釜。根据工艺要求的浴比（桑皮质量与脱胶液质量之比）来控制进入脱胶釜中脱胶液的质量，然后关闭阀门。打开超声波振荡器和微波发生器，超声波振荡器频率为20～40kHz，功率为1～2kW。超声波振荡器内超声波发生器把低频交流电转换成与超声波换能器相匹配的高频交流电信号。超声波换能器在超频率范围内将交变的电信号转换为高频机械振动。利用高频机械振动在桑皮表面所产生的"空化"作用使脱胶液更容易扩散到桑皮之间的空隙和微孔之中。微波发生器功率为1～2kW，微波发生器产生微波，微波是频率在$3\times10^2～3\times10^5$MHz的电磁波，由于水分子是极性分子，它在快速交变的高频电磁场作用下，其极性取向将随着外电场的变化而变化，造成水分子的运动产生相互摩擦效应，微波场的场能转化为热能，内外同时加热，使桑皮在短时间内达到内外同热的效果，产生热化和膨化等一系列物化过程，加快了脱胶液对桑皮的渗透。超声波振荡器13和微波发生器12的使用大大提高了脱胶效率，可以大大减少所需碱的浓度及数量。脱胶时间一般为1～2h。然后打开阀门16，脱胶釜9中脱胶液在循环泵15的作用下经过滤器14过滤，滤除脱胶过程中从多层孔板上带下的纤维及其他非纤维性杂质，经阀门16进入到分离釜17内，从而使脱胶釜9中脱胶液与桑皮纤维分离。关闭阀门16。从沉淀剂添加口20向分离釜17中加入适量乙醇和Ca（OH）$_2$，分别将脱胶液中的果胶和木质素充分沉淀。打开阀门18，果胶经沉淀后的脱胶液经阀门18进入到滤胶器19，经滤胶器19过滤后的脱胶液又回流到调制釜1中，供下回脱胶使用，然后关闭阀门18。滤胶器19中滤除的果胶尚含有少量碱液，经酸中和后便可作为它用。从脱胶釜中经脱胶处理的桑皮纤维经给油和进一步后处理后便可以进行纺纱利用。

第三章　桑皮纤维的化学成分及结构分析

第一节　桑皮纤维的化学成分与结构

一、化学成分

　　由于桑皮纤维的化学成分定量分析目前无相关标准，因此实验采用国家标准GB/T 5889—1986《苎麻化学成分定量分析方法》进行测试，可确定桑皮中各成分的相对含量。分别测定桑皮原样及经化学和微波—生物酶—化学辅助联合法（AMBET）前处理后的桑皮纤维的纤维素、半纤维素和木质素等主要成分的含量，结果如图3-1所示。

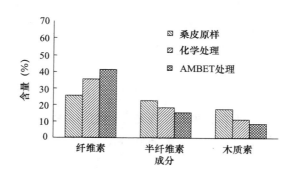

图3-1　桑皮纤维的化学成分

　　由图3-1可见，经处理后的桑皮纤维的纤维素含量均提高，经化学处理和经AMBET处理后的桑皮纤维的纤维素含量分别升至35.3%和41.4%，而半纤维素和木质素的含量显著减少。表明两种处理技术对桑皮纤维中的非纤维素物质（半纤维素、木质素、果胶及其他杂质）均具有良好的去除作用，且AMBET技术的去除效率要好于纯化学处理。纤维中纤维素含量的提高对纤维的理化性能的提高，尤其是其纺纱性能，是十分有利的。

表3-1为桑皮纤维与几种植物纤维原料化学成分的含量比较。由表3-1可知，桑皮纤维的纤维素含量低于剑麻、大麻、黄麻、苎麻纤维，但纤维素仍是桑皮纤维的主要成分；桑皮纤维果胶含量大于其他几种植物纤维，果胶物质对纤维的吸附性能有较大影响，直接关系到桑皮纤维的可纺性能及染色性能。

表3-1　桑皮纤维与几种植物纤维化学成分的含量比较（％）

纤维种类	纤维素	半纤维素	木质素	果胶物质	水溶物	蜡质	其他
桑皮纤维	41.4	15.5	8.6	12.2	15.4	1.2	5.7
大麻	55~60	16~17	7~8	7~8	9~10	1.6~1.8	1~3
剑麻	44.86	14.38	32.16	3.02	10.2	14.40	—
黄麻	64~67	16~19	11~15	1.1~1.3	—	0.3~0.7	0.6~1.7
苎麻	56~68.5	16~18.8	6~13	1.1~2	1~1.46	3.2~7.2	0.9~2.8

二、形貌结构

用日本日立公司的S-4700型扫描电子显微镜观察桑皮纤维表面的形貌，放大2000倍。采用Photoshop7.0软件测定桑皮纤维的平均直径。为了清楚的观察前处理技术对桑皮纤维表面形貌的影响，采用扫描电镜和光学显微镜对桑皮纤维表面进行观察，结果如图3-2所示。由图3-2（b）、（c）可见，经化学处理和AMBET处理后桑皮均可被分离成单纤维，且处理后纤维的白度均高于桑皮原样［图3-2（a）］，且经AMBET处理后的桑皮纤维分散的更均匀，表明AMBET处理技术对桑皮中非纤维素物质的去除效果要好于纯化学处理技术。由图3-2（d）可见，桑皮原样表面被半纤维素、木质素、果胶及其他杂质等非纤维素物质覆盖，经化学处理后［图3-2（e）］，纤维直径变细，表面变得光滑，但仍有少量杂质覆盖在纤维表面，而经AMBET技术处理后，桑皮纤维十分表面光滑、纤维直径进一步降低，仅为（10.8±0.1）μm，且更为均匀。由图3-2（g）、（h）可见，经AMBET处理后桑皮纤维纵向有竖纹，与麻纤维纵向侧面带有竖纹的结构较为相似，没有棉纤维的天然转曲现象，横截面形状呈椭圆形、三角形和少量不规则多角形。

按照文献介绍的染色工艺对桑皮纤维进行染色，将桑皮纤维与棉以不同比例（60：40、55：45和50：50），按照文献介绍转杯纺纱工艺制备桑皮纤维/棉混纺纱线，将上述桑皮纤维/棉混纺纱在Y200S型电子织布小样机上生产桑皮纤维/棉混纺机织（经纬纱均为桑皮纤维/棉混纺纱）面料。图3-3所示为经染色后桑皮纤维的

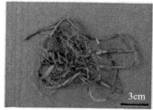  

<table>
<tr><td>(a) 桑皮原样宏观照片</td><td>(b) 化学处理桑皮纤维
宏观照片</td><td>(c) AMBET处理桑皮纤维
宏观照片</td></tr>
</table>

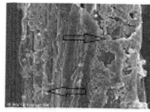 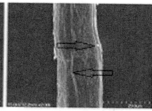 

<table>
<tr><td>(d) 桑皮原样扫描电镜照片</td><td>(e) 化学处理桑皮纤维
电镜照片</td><td>(f) AMBET处理桑皮纤维
电镜照片</td></tr>
</table>

<table>
<tr><td>(g) AMBET处理桑皮纤维
纵向显微镜照片</td><td>(h) AMBET处理桑皮纤维
横向显微镜照片</td></tr>
</table>

图3-2　桑皮纤维的形貌结构（箭头指向的是杂质）

 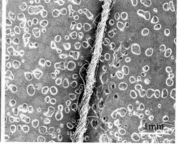

<table>
<tr><td>(a) 栀子染桑皮纤维</td><td>(b) 桑皮纤维/棉55/45混纺纱线</td></tr>
</table>

图3-3

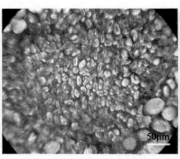

(c) 桑皮纤维/棉55/45混纺纱
横截面

(d) 桑皮纤维/棉55/45机织物

图3-3　桑皮纤维基纺织品的形貌

形貌及桑皮基纺织品的形貌结构。由图3-3（a）可见，经天然染料栀子染色后，桑皮纤维表面较染色前更为平整、光滑，染色并没有损伤纤维，纤维质量得到提高；图3-3（b）所示为18.2tex桑皮纤维/棉（55/45）转杯混纺纱，纱线条干均匀度好，毛羽较少。由图3-3（c）所示的纱线横截面可见，桑皮纤维与棉纤维均匀混合在一起；图3-3（d）所示为桑皮纤维/棉（55/45）混纺机织缎纹面料。该桑皮纤维/棉混纺纱可在织机上成功生产面料，为桑皮基纺织品的产业化推广奠定了基础。

三、分子结构

用美国PerkinElmer公司Nicolet5700系列红外光谱仪，将桑皮纤维剪成粉末再与KBr混合研磨后压片，置于光路中测试，测定其红外图谱，测量范围0～4000cm⁻¹桑皮原样及经化学和AMBET前处理后的桑皮纤维的红外光谱如图3-4所示。

由图3-4曲线1可见，桑皮原样的主要特征吸收峰如下：$3361cm^{-1}$处的吸收峰，是O—H伸缩振动吸收所产生的，$1058cm^{-1}$处是C—O—C伸缩振动吸收峰，$895cm^{-1}$处是糖苷键中的C—O的特征吸收峰，这些都是纤维素Ⅰ的特征吸收峰。上述的特征吸收峰在图3-4曲线2和曲线3中的同样位置处可以观察到，表明不管是化学处理还是AMBET处理都没有破坏桑皮纤维中的纤维素Ⅰ的结构。由图3-4曲线2和曲线3可见，半纤维素对应的特征吸收峰（$1736cm^{-1}$和$1246cm^{-1}$）以及木质素对应的特征吸收峰（$1320cm^{-1}$）相对于桑皮原样中均呈现不同程度的减弱或消失，且在图3-4曲线3中减弱的更厉害，表明两中处理技术均可部分的除去桑皮纤维中的半纤维素和木质素等非纤维素物质，且AMBET技术去除效率更高。由图3-4还可见，红外光谱图中—OH伸缩振动特征吸收峰的波数由桑皮原样的$3361cm^{-1}$变为了化学处理的

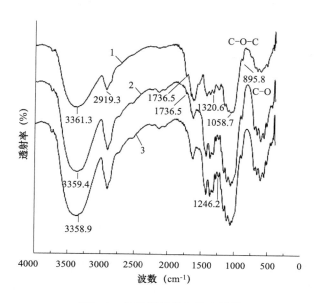

图3-4　桑皮纤维的红外光谱图

1—桑皮原样　2—经化学处理后的桑皮纤维　3—经AMBET处理后的桑皮纤维

3359cm⁻¹和AMBET处理的3358cm⁻¹，处理后桑皮纤维羟基的特征吸收峰的波数向低波数偏移，表明经处理后桑皮纤维中的氢键结合作用要强于桑皮原样。

四、超分子结构

用美国PerkinElmer公司diamond 5700型热分析仪测定桑皮纤维的热分析图谱，测试条件及扫描范围为50~450℃，升温速度10℃/min，氮气保护，流量120mL/min。桑皮原样及经化学和AMBET前处理后的桑皮纤维的TG、TGA和DSC曲线如图3-5所示。

由图3-5（a）、（b）可见，桑皮原样初始热分解温度（T_d）为229℃，最大热分解温度（T_{dm}）为330℃，而经化学处理后的桑皮纤维（T_d=291℃，T_{dm}=356℃）和经AMBET处理后的桑皮纤维（T_d=308℃，T_{dm}=366℃）的初始热分解温度和最大热分解温度均高于桑皮原样，热稳定性提高。这是由于经前处理后，尤其是经AMBET处理后，桑皮纤维中的非纤维素大部分被除去，纤维的结晶度大大提高。由图3-5（c）可见，经前处理后，桑皮纤维的热分解焓由桑皮原样的1.56J/g提升至化学处理的2.84J/g和AMBET处理的4.78J/g，经处理后桑皮纤维的热分解焓显著提高，表明经处理后，尤其是经AMBET技术处理后，桑皮纤维具有良好的热稳定性。

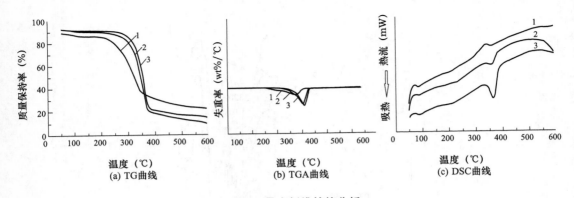

图3-5 桑皮纤维的热分析
1—桑皮原样 2—经化学处理的桑皮纤维 3—经AMBET处理的桑皮纤维

用日本理学2027型X射线衍射仪测定桑皮纤维的X射线图谱，测试条件为管电压40kV，管电流30mA，扫描速度2°/min，2θ扫描范围为5°～45°。桑皮原样及经化学和AMBET前处理后的桑皮纤维的X衍射光谱如图3-6所示。

由图3-6可见，桑皮原样及经化学和AMBET处理的桑皮纤维的X衍射曲线中特征衍射峰的2θ角均对应于14.9°、16.3°、22.8°和34.5°附近，这是典型的纤维素Ⅰ的结构的特征衍射峰。同样表明，前处理技术并没有破坏桑皮中纤维素的结构。将X衍射谱图用Peakfit软件采用高斯—劳仑兹峰型进行拟合（$R^2 > 0.98$），再根

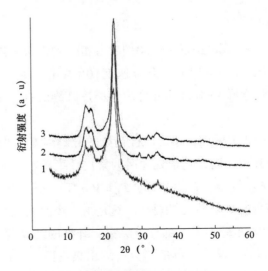

图3-6 桑皮纤维的X衍射曲线
1—桑皮原样 2—经化学处理后的桑皮纤维 3—经AMBET处理后的桑皮纤维

据结晶区的面积和整个拟合区域的面积的比值计算纤维的结晶度，桑皮原样的结晶度为48.7%，经化学处理后其结晶度提高至65.8%，而经AMBET处理后进一步提升至74.3%，这主要和三种样品中纤维素的含量以及三者中氢键结合强度有关，经AMBET处理后的桑皮纤维中纤维素含量最高，氢键结合最强。

第二节　桑皮纤维的性能分析

一、可纺性

利用美国Instron3365型强伸度测试仪测定桑皮纤维的拉伸性能，样品在测试前放在恒温恒湿室（温度20℃，相对湿度70%）平衡24h。试验条件为夹持长度150mm，拉伸速度150mm/min，得到受力和伸长数据，测试30根纤维试样，取平均值。桑皮原样及经化学和AMBET前处理后的桑皮纤维的力学性能见图3-7和表3-2。由图3-7和表3-2可见，经化学和AMBET处理后，桑皮纤维的断裂强度和初始模量较处理前均显著提高，而断裂伸长有一定程度的下降。这是由于经处理后，桑皮纤维中半纤维素、木质素和果胶等非结晶成分的去除，导致纤维的结晶度和稳定性提高。由表3-2又可见，经处理后，尤其是经AMBET技术处理后，桑皮纤维的细度显著下降，纤维长度大大提高，对照棉纤维的各项纺纱性能指标，表明经AMBET技术处理后的桑皮纤维具有良好的可纺性。

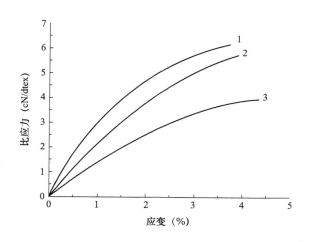

图3-7　桑皮纤维的应力—应变曲线
1—经AMBET处理后的桑皮纤维　2—经化学处理后的桑皮纤维　3—桑皮原样

表3-2 桑皮纤维的可纺性

样品	断裂强度 （cN/dtex）	断裂伸长率 （%）	初始模量 （cN/dtex）	细度 （dtex）	长度 （mm）
桑皮原样	3.99 ± 0.93	4.35 ± 0.48	91.5 ± 19.8	3.3 ± 0.3	18.8 ± 2.7
化学处理桑皮纤维	5.74 ± 0.67	3.92 ± 0.23	146.5 ± 12.5	2.4 ± 0.2	22.4 ± 1.7
AMBET处理桑皮纤维	6.18 ± 0.57	3.76 ± 0.33	165.2 ± 18.9	2.2 ± 0.2	23.3 ± 2.5

二、抗菌性能

按照文献介绍方法测定桑皮基纺织品的抗菌性能，即参照国家标准FZ/T 73023—2006《抗菌针织品》，以振荡法测定材料的抗菌、抑菌性能。所用菌种为革兰氏阴性菌（大肠杆菌）和革兰氏阳性菌（金黄色葡萄球菌），桑皮基纺织品的抗菌性能以其抑菌率（%）来表征。桑皮基系列纺织品对大肠杆菌和金黄色葡萄球菌的抗菌性能见表3-3和图3-8。由表3-3和图3-8可见，桑皮原皮对大肠杆菌和金黄色葡萄球菌的抑菌率分别为（67.2 ± 3.1）%和（53.8 ± 4.6）%，抑菌率均大于50%，具有良好的抗菌和抑菌性能；而桑皮纤维对两种菌种的抑菌率均大于80%，表明桑皮纤维具有优异的抗菌、抑菌性能，且显著高于桑皮原皮，这是由于在提取桑皮纤维过程中，桑皮原皮的果胶等物质被除掉（果胶等可为菌种提供养分）。由表3-3和图3-8还可见，混纺比例为60∶40的桑皮纤维/棉混纺纱对两种菌种的抑菌率分别为（72.4 ± 4.1）%和（64.3 ± 4.2）%，具有优良的抗菌性能。但与桑皮纤维相比，其抑菌效果显著降低，这是因为混纺纱中棉成分不具有抗菌性，因而抗菌性能不如纯桑皮纤维高。随着桑皮纤维混纺比例的下降，桑皮纤维/棉混纺纱的抑菌率有显著的下降，但下降幅度不大。混纺比例为50∶50时，其抑菌率仍大于50%，仍具有良好的抗菌效果。桑皮基系列产品中的桑皮纤维/棉混纺面料对大肠杆菌和金黄色葡萄球菌的抑菌率为60%左右，与桑皮纤维/棉混纺纱的抗菌抑菌效果基本相同。

表3-3 桑皮基系列纺织品的抗菌性能

桑皮基纺织品	大肠杆菌抑菌率（%）	金黄色葡萄球菌抑菌率（%）
桑皮原皮	67.2 ± 3.1	53.8 ± 4.6
桑皮纤维	85.7 ± 5.2	80.4 ± 2.1
桑皮纤维/棉混纺纱（60/40）	72.4 ± 4.1	64.3 ± 4.2
桑皮纤维/棉混纺纱（55/45）	65.9 ± 2.5	57.8 ± 3.9
桑皮纤维/棉混纺纱（50/50）	56.3 ± 3.3	51.7 ± 5.1
桑皮纤维/混纺机织物（55/45）	63.3 ± 4.8	56.9 ± 3.2

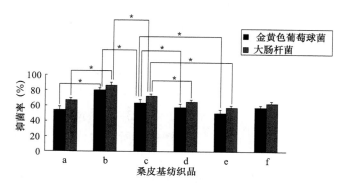

图3-8　桑皮基系列纺织品的抑菌率

a—桑皮原皮　b—桑皮纤维　c—桑皮纤维/棉混纺纱（60/40）　d—桑皮纤维/棉混纺纱（55/45）
e—桑皮纤维/棉混纺纱（50/50）　f—桑皮纤维/混纺平纹织物（55/45）

图3-9（c）所示为桑皮纤维/棉混纺纱（55/45）对大肠杆菌的抗菌效果图，对照实验为空白样［图3-9（a）］和苎麻/棉的混纺纱（55/45）［图3-9（b）］。图3-9（a）为空白样，空白样的培养皿表面附有一层细密的细菌，表明空白样不具有抗菌性；与空白样相比，苎麻/棉混纺纱培养皿表面的细菌有一定程度的减少，表明其具有一定的抗菌性；而由图3-9（c）可见，与空白样及苎麻/棉混纺纱相比，桑皮纤维/棉混纺纱的培养皿表面细菌数量大大减小，表明桑皮纤维/棉混纺纱的抗菌性能要优于苎麻/棉混纺纱，具有良好的抗菌和抑菌性能。

(a) 空白　　　　　　　(b) 苎麻纤维/棉混纺纱　　　　(c) 桑皮纤维/棉混纺纱
　　　　　　　　　　　　　　（55/45）　　　　　　　　　（55/45）

图3-9　桑皮纤维/棉混纺纱线的抗菌试验

桑皮基系列纺织品的抗菌性是因为桑皮基系列纺织品中桑皮纤维的抗菌、抑菌性能，因桑皮纤维中含有桑根皮素、环桑皮素、桑白皮素等黄酮类物质和酚类等抗菌物质。采用布鲁克AV400核磁共振波谱仪测定桑皮纤维的^{13}C-NMR图谱，将桑皮纤维用去水润湿到含水50%后，将样品放入4mm的ZrO$_2$回转管中，转速是

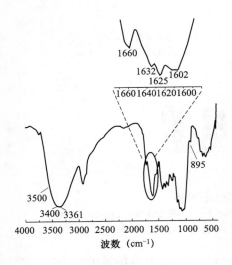

图3-10 桑皮纤维的红外光谱

5kHz，补偿时间20ms，接触时间1ms；测试频率75.5MHz。本研究通过红外光谱和核磁共振谱等先进测试手段来检测桑皮纤维中该类抗菌物质，研究桑皮纤维的抗菌机理，结果分别如图3-10和图3-11所示。

图3-10所示为桑皮纤维的红外光谱图谱。由图3-4可见，3360cm⁻¹、1058cm⁻¹和895cm⁻¹等附近处特征吸收峰是桑皮纤维中纤维素 I 的特征吸收峰；1660cm⁻¹、1600cm⁻¹附近处是桑根皮素（Morusin）的特征吸收峰，3500cm⁻¹、1660cm⁻¹、1620cm⁻¹和1602cm⁻¹等处是环桑皮素（Cyclomorusin）的特征吸收峰，3500cm⁻¹、3400cm⁻¹、1660cm⁻¹、1632cm⁻¹和1600cm⁻¹等处的特征吸收峰是苯并呋喃（酚类物质）的特征吸收峰。红外光谱结论表明，桑皮纤维中确实存在黄酮和酚类等抗菌、抑菌物质。

桑皮纤维的核磁共振图谱如图3-11所示。由图3-11可见，化学位移δ在60～70、70～80、85～90以及102～108等处强而尖锐的峰属于桑皮纤维中纤维素的核磁特征峰；而化学位移δ在158、120、183、155、98、105、25、123、18、26以及113等处较小的峰属于桑皮纤维中桑根皮素（Morusin）的核磁特征峰，特征吸收峰较小，是因为桑皮中桑根皮素的含量较低；化学位移δ在158、105、178、155、98.5、69、121、138、18、25、21、122、131以及110等处较小的峰属于桑皮纤维中环桑皮素（Cyclomorusin）的核磁特征峰，峰较小同样是由于桑皮纤维中该成分含量较低的缘故。核磁共振的结果同样表明，桑皮纤维中确实存在桑根皮、环桑皮素等黄酮成分。酚类物质因含量较低，核磁共振谱中未能反映。

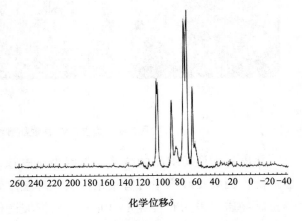

图3-11 桑皮纤维的核磁共振图谱

第四章　桑皮纤维的染色

桑皮纤维是纯天然绿色纤维，来源广泛，属韧皮纤维的一种。桑皮纤维具有坚实、柔韧、密度适中和可塑性强等特点，作为绿色纺织品或生态纺织品原料，既具有棉花的特性，又具有麻纤维的许多优点，并有着优良的吸湿性、透气性、保暖性和一定的保健功效，其光泽良好、手感柔软、易于染色。桑纤维可用直接染料、还原染料、活性染料、硫化染料、植物染料等进行染色，上色效果非常好。 因其所具有的各种良好特性，使之具备了极好的开发利用前景。据研究表明桑皮纤维的回潮率为9%～10%，与其他几种天然纤维素纤维的回潮率对比见表4-1。由表4-1可知，桑皮纤维的回潮率介于棉和麻类之间，故桑皮纤维吸湿性比棉纤维强，较麻类差，染色性能应该不差。

表4-1　桑皮纤维与其他纤维回潮率对比表

纤维	桑皮纤维	棉	亚麻	黄麻	大麻
回潮率（％）	9～10	7～8	8～11	9～11	10～13

桑皮纤维经染色后在Datacolor600电脑测色仪上测试指标有6个，分别为$L*$、$a*$、$b*$、$c*$、h、ΔE、K/S。

$L*$：指亮度，即人眼对物体的明暗感觉。当L值为0时代表黑色，为100时代表白色。

$a*$：指红绿轴。正数表示颜色偏红色，负数表示偏绿色。

$b*$：指黄蓝轴。正数表示颜色偏黄色，负数表示偏绿色。

$c*$：指彩度，亦称饱和度，是指彩色的纯洁性。可见光谱中的各种单色光是最饱和的色彩。如果物体反射的色谱带很窄，它的饱和度就高。

ΔE：代表色差大小。

K/S：指色调。彩色彼此相互区分的特性，即红、黄、蓝、绿等，不同波长的单色光具有不同的色调。

第一节　活性染料染色

由于桑皮纤维的相关性能和麻纤维比较相似，故采用麻纤维常规染色工艺对其进行染色，以初步探索桑皮纤维活性染料的染色性能。

一、活性染料染色工艺

由于活性染料具有不同活性基结构，故选择以下几种染料做相关实验：活性艳红X-3B、活性艳红K-2G、活性黄KE-RZ、活性翠蓝KN-G分别属于活性X型、K型、KE型和KN型染料。由于各种活性染料所含活性基团不同，所需要的染色温度、固色温度均不同。各染料的染色工艺见表4-2。

表4-2　各种活性染料染色配方和工艺条件

工艺配方		染料名称			
		活性艳红X-3B	活性艳红K-2G	活性黄KE-RZ	活性翠蓝KN-G
各助剂量	染色活性染料（owf，%）	0.5	1	1	1
	促染剂（食盐g/L）	5	10	10	10
	固色碱剂（碳酸钠g/L）	4	10	10	10
	皂煮洗涤剂（g/L）	0.5	1	1	1
工艺条件	浴比	1:30	1:50	1:50	1:50
	染色温度（℃）	30	80	80	65
	染色时间（min）	30	40	40	40
	固色温度（℃）	50	90	90	90
	固色时间（min）	30	30	30	30
	皂洗温度（℃）	95	95	95	95
	皂洗时间（min）	15	15	15	15

二、活性染料染色的颜色特征值

各染料染色后桑皮纤维的颜色值见表4-3。由表4-3可以看出，活性染料对桑皮纤维具有一定的可染性，而且具有较好的上染性能。

表4-3　各种染料染色后桑皮纤维的颜色特征值

名称	K/S	L^*	a^*	b^*	c^*	h^*
活性艳红X-3B	19.864	41.14	60.12	7.28	60.56	6.90
活性艳红K-2G	18.156	39.46	56.81	6.92	57.16	6.43
活性黄KE-RZ	31.910	55.71	41.68	72.39	83.53	60.07
活性翠蓝KN-G	24.313	20.89	-3.67	-13.22	13.72	254.48

第二节　植物染料虎杖染色

天然染料具有生态平衡特点：对健康无害、不污染环境、制造条件温和、为生物可再生资源、无三废处理问题。天然染料顺应回归自然的需求，将会在纺织品应用中占有一席之地。虎杖来源丰富，将虎杖染料提取和产业化生产具有较高的可行性。

虎杖色素中的白藜芦醇分子结构具有捕获自由基、抗氧化、吸收紫外光的特性。将虎杖提取液用于染桑皮纤维，染色后的桑皮纤维纺成纱织造成面料后，该面料具有透气透湿性、保型性好的，且具有抗菌、保健和防紫外的面料。

一、虎杖色素的提取

超声波作为一种新的应用技术，近年来被广泛应用于天然植物的提取。其原理是超声波可在液体中产生"空穴作用"，而"空穴作用"产生的冲击波和射流可以破坏植物细胞和细胞膜结构，从而增加细胞内容物通过细胞膜的穿透力，有助于有效成分的释放与溶出。因此，超声波大大缩短了提取时间，提高了有效成分的提取率和原料的利用率。

1. **实验材料**　干燥的虎杖（已粉碎）、水。

2. **主要仪器**　PRD-S-01DHT型超声波清洗机、烧杯（50mL、100mL、250mL、500mL）、量筒（50mL、100mL）、刻度吸管（1mL、2mL、5mL、10mL）、洗耳球、BS210型电子天平、圆底烧瓶、玻璃棒、锥形瓶、滤网（400目）、称量纸、pHB-8型笔式pH计、UV-1801型紫外分光光度计、Datacolor 600型电脑测色仪、CX 350型多功能高度粉碎机。

3. **萃取工艺条件**　虎杖的用量为ng，浴比1∶30，超声波温度25℃，超声功率

50%，超声时间为20min。

二、虎杖色素的染色工艺

1. 媒染剂的选择及其工艺参数（表4-4）

表4-4　媒染工艺参数

媒染剂	媒染剂用量（owf，%）	桑皮用量（g）	温度（℃）	浴比
硫酸亚铁	5	0.5	60	1:30
硫酸铁	5	0.5	60	1:30
硫酸铜	5	0.5	80	1:30
硫酸铝	5	0.5	80	1:30
氯化镁	5	0.5	80	1:30

2. 染色工艺的选择

（1）预媒法。植物染料的天然色素对水的溶解度小，但色素具有络合配位基团，借助先媒染，形成在纤维上吸附的金属离子络合键而固着，如紫草、西洋茜。

（2）后媒法。天然色素对水基本不溶解，但其配糖体能溶解于水，并与纤维吸附，要求采用后媒染使之固着，如荩草、栀子、槐花。

（3）同浴法。同浴媒染法是将染料和媒染剂放在同一染浴内染色。在同浴媒染时，染料被羊毛吸附、羊毛的铬媒处理、纤维与染料络合。但染料的上染率不高，染料的选择要求严格，染深色时摩擦牢度不高。

媒染后纤维的颜色特征值见表4-5。

表4-5　媒染后纤维的颜色特征值

实验序号		媒染剂	L^*	a^*	b^*	c^*	h^*	ΔE	K/S（360nm）
预媒	1	硫酸铁	36.18	5.72	7.42	9.37	52.36	49.87	9.1235
	2	硫酸亚铁	41.65	10.91	10.71	15.28	44.47	45.46	6.7073
	3	硫酸铜	49.23	14.91	10.38	18.61	34.84	39.40	4.2185
	4	硫酸铝	48.08	16.31	13.77	21.34	40.18	41.35	4.5622
	5	氯化镁	56.15	14.51	13.11	19.56	42.11	33.24	3.0905
同浴	6	硫酸铁	52.48	9.98	10.87	14.76	47.44	34.78	3.9818
	7	硫酸亚铁	51.76	7.45	7.01	10.23	43.25	34.73	3.6268
	8	硫酸铜	52.17	15.79	7.46	17.46	25.29	36.94	3.1581

实验序号		媒染剂	L^*	a^*	b^*	c^*	h^*	ΔE	K/S（360nm）
同浴	9	硫酸铝	60.98	20.09	13.75	24.35	34.39	32.22	2.4309
	10	氯化镁	52.36	15.93	15.83	22.46	44.83	37.73	4.4983
	11	—	54.32	15.69	14.92	21.65	43.56	35.70	3.7597
后媒	12	硫酸铁	52.32	3.56	8.36	9.09	66.91	33.61	3.9013
	13	硫酸亚铁	52.41	5.31	10.23	11.52	62.58	33.82	4.0551
	14	硫酸铜	57.02	9.14	10.72	14.09	49.53	30.19	2.6454
	15	硫酸铝	61.25	10.25	12.76	16.37	51.23	26.91	2.1443
	16	氯化镁	57.96	11.45	12.45	16.91	47.40	23.27	2.7322

由表4-5可知，在各种媒染剂染色中用硫酸铁预媒染ΔE和K/S（360nm）数值最大，从染色纤维来看，纤维染色比较均匀，染色效果最好。所以虎杖染桑皮纤维，选择媒染剂为硫酸铁，媒染方式为预媒染。

三、影响染色效果的主要因素

1. 媒染剂用量对K/S值的影响 由图4-1可知，桑皮纤维染色的颜色特征值K/S随着媒染剂用量的增加而增加。这是因为预媒染色时，随着媒染剂用量的增加，与纤维结合的媒染剂也增加，上染到纤维上的染料量也随之增加，因此纤维的K/S值变大。继续增加媒染剂用量，与桑皮纤维结合的媒染剂逐渐达到饱和，吸附与解吸接近动态平衡，上染到纤维上的染料量也趋于饱和，故染色织物K/S值的变化趋于平缓。当媒染剂用量达到5%时，K/S值最大，当再增加媒染剂用量时，K/S值趋于平缓，故选择媒染剂的用量为5%左右。

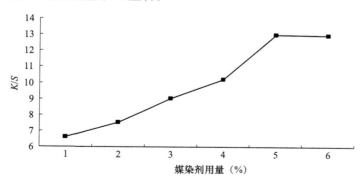

图4-1 媒染剂用量不同对K/S影响

2. **pH对K/S值的影响** 在其他染色条件相同的条件下，只改变染色的pH，桑皮纤维在酸性染浴中染色样的K/S随染色pH的提高而增大，pH达到7后，K/S值迅速降低（图4-2）。这可能是在酸性条件下有利于上染率百分率提高，随着pH增大，上染百分率下降，故K/S值减小，故染色pH应选7~8。

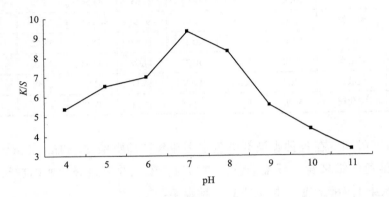

图4-2 pH用量不同对K/S影响

3. **温度对K/S值的影响** 在其他染色条件相同的情况下虎杖染色温度与染色纤维表面深度K/S的关系见图4-3，由图4-3可以看出所染布样的表面色深度K/S开始随着染色温度的升高而逐渐增大，60℃以后更加明显，因为随染色温度的升高，染料分子的动能增加，吸附扩散速率增大，有利于染料的上染，故K/S值逐渐增大。但温度超过90℃以后，K/S值相反下降，比较适宜染色温度为80~90℃。

4. **染料用量对K/S值的影响** 采用Fe^{3+}预媒染，恒温法对桑皮纤维进行染色。

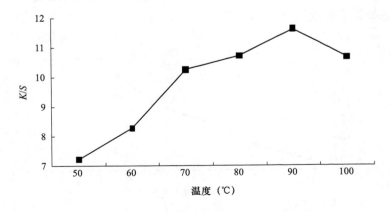

图4-3 染色温度不同对K/S影响

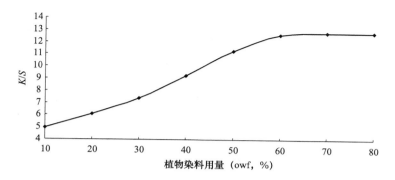

图4-4　染料用量不同对K/S影响

由图4-4可以看出，随着染料用量的增大，K/S值有增大的趋势，当染料用量达60%以后，桑皮纤维的K/S值逐渐趋于平缓，这是因为染料用量达到一定值后，上染到纤维上的染料量也趋于饱和，适宜染料用量为60% ~ 70%。

5. **影响因素正交试验分析**　虎杖色素对桑皮纤维的染色选取染色温度、染色pH、媒染剂用量、染料用量四个因素，浴比1∶30，恒温染色，铁预媒染，不考虑交互作用，用正交表L9（34）安排试验，染色棉织物的颜色特征值见表4-6，各试样的皂洗牢度、耐摩擦牢度见表4-7，实验的分析见表4-8。

表4-6　正交实验的颜色特征值

实验序号	L^*	a^*	b^*	c^*	h^*	ΔE	K/S（430nm）
1	44.23	10.79	14.77	18.29	53.85	47.43	5.8555
2	40.60	9.15	12.71	15.66	54.26	50.56	6.8574
3	38.02	8.96	10.86	14.08	50.47	53.10	7.6581
4	40.41	10.17	13.88	17.20	53.76	50.96	7.3303
5	35.69	10.57	11.33	15.50	46.98	55.69	9.1521
6	38.20	6.85	11.77	13.61	59.80	52.51	7.8806
7	34.60	10.83	11.15	15.54	45.83	56.82	9.8069
8	33.51	8.96	10.49	13.79	49.49	57.54	10.386
9	33.16	10.51	12.95	16.68	50.94	58.12	11.903

表4-7　正交试验染色桑皮的色牢度

实验序号	皂洗牢度（级）			摩擦牢度（级）	
	变色	棉沾	粘胶沾	干	湿
1	4	3	3-4	3-4	3-4
2	3-4	3-4	3	3	3
3	4	3	3-4	3-4	3
4	4	3	3	3	3
5	4	4	3-4	3-4	3-4
6	3	3	3	3	3-4
7	3	4	3-4	3-4	3
8	3-4	3	3	3	3
9	3-4	3	3-4	3-4	3-4

表4-8　正交实验分析

实验序号	染料用量	染色温度	染色pH	媒染剂用量	K/S（430nm）
1	1（65%）	1（80℃）	1（7）	1（4.5%）	5.8555
2	1（65%）	2（85℃）	2（7.5）	2（5%）	6.8574
3	1（65%）	3（90℃）	3（8）	3（5.5%）	7.6581
4	2（70%）	2（85℃）	2（7.5）	1（4.5%）	7.3303
5	2（70%）	1（80℃）	3（8）	2（5%）	9.1521
6	2（70%）	3（90℃）	1（7）	3（5.5%）	7.8806
7	3（75%）	2（85℃）	3（8）	1（4.5%）	9.8069
8	3（75%）	3（90℃）	1（7）	2（5%）	10.386
9	3（75%）	1（80℃）	2（7.5）	3（5.5%）	11.903
$\overline{K/S_1}$	6.7903	7.6642	8.0407	8.9702	
$\overline{K/S_2}$	8.1210	8.7985	8.6969	7.9882	
$\overline{K/S_3}$	10.4527	9.1472	8.872	8.6416	
R	3.4354	1.4830	0.8313	0.9838	

　　由表4-7可以看出，所有试验方案的耐洗色牢度中的原样变化、棉布沾色牢度、粘胶布沾色牢度均达到3级以上，干、湿摩擦色牢度也达到国家标准。故只讨论各染色因素对K/S值的影响。

从表4-8可以看出，影响染色桑皮纤维表面色深度K/S的因素先后顺序为：染料用量＞染色温度＞媒染剂用量＞染色pH，这是因为随着染液浓度的增加，单位体积内染料分子数增多，染料分子同纤维的结合机率增加，故K/S随着染料用量的增大，而逐渐增大。随着染色温度的升高桑皮纤维的膨化程度提高，虎杖色素的聚集度下降，同时染料虎杖分子动能增加，与纤维结合加速。虎杖染桑皮纤维的最优工艺，即在浴比1：30条件下，温度为90℃，染液pH为8，媒染剂用量4.5%（owf），染料用量75%（owf）。

第三节　直接染料染色

一、原材料与仪器

1. **材料**　本实验使用的桑皮纤维是采用高效、绿色、低碳的脱胶工艺制得的。其工艺流程为：桑皮（盐城东台）自然、机械处理→调湿→微波处理→机械捶打除杂→浸酸预处理→（超声波辅助）碱煮→酶处理→水洗→打纤→水洗→脱水→抖松→干燥。

2. **药品**　按照宁辉方法精制的直接大红4BS，N，$N-2-$二甲基甲酰胺（DMF），JFC渗透剂（均为分析纯）。

3. **仪器**　UV-1801型紫外/可见分光光度计、Datacolor 600型测色仪、YG600型恒温水浴振荡器。

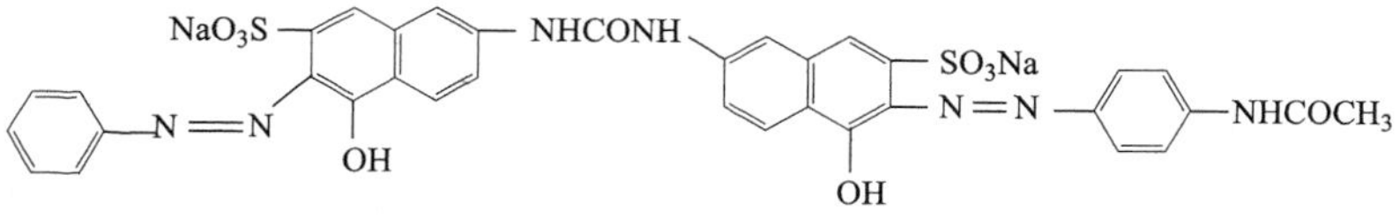

图4-5　直接大红4BS分子式

二、标准染液的配制与标准工作曲线的测定

准确称取经过精制的染料2g，放入250mL烧杯中用蒸馏水溶解，然后在1000mL容量瓶中用DMF和蒸馏水定容（DMF和水的体积比为80：20）。

将标准溶液分别按倍数关系吸取不同体积转移到另外8个25mL容量瓶中并用（水和DMF）定容至刻度线，摇匀测其吸光度。

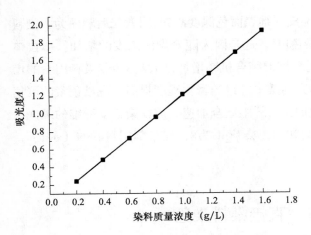

图4-6　直接大红4BS标准曲线

用紫外—可见分光光度计测定染料最大吸收波长$\lambda_{\max}$。在最大吸收波长处的吸光度与浓度有很好的线性关系。用最大吸收波长分别测定上述配好的已知浓度染液，然后用以染料浓度为横坐标，以吸光度为纵坐标，制作标准曲线。

直接大红4BS最大吸收波长为460 nm，标准工作曲线见图4-6，由图4-6可知，用线性回归法可以得到染料直接大红4BS标准曲线方程$y=0.00132+1.20464x$，式中，x为染料的质量浓度，y为吸光度。其R_2值为0.99996，该直线方程符合朗伯—比耳定律，吸光度值与染料质量浓度间呈正比关系，以此可深入研究桑皮纤维染色动力学。

三、直接染料染色工艺

1. 工艺配方

直接大红4BS（owf，%）	x
JFC渗透剂	1g/L
浴比	1:375
保温时间	60min

2. 工艺条件和测试方法

（1）上染速率测定。染色在YG600型恒温水浴振荡器中进行。准确称取染料精制样品2g置于250mL烧杯内，先用少量的蒸馏水调成均匀无细浆，续加蒸馏水，并充分搅拌，使染料全部溶解，然后在1000mL容量瓶中用蒸馏水定容。配制一定浓度的染液，将染液预先加热至所需温度，快速投入纤维，盖上染杯盖。于染色不同时间取出少量染液，在UV-1801型紫外/可见分光光度计测其吸光度值（最大吸收波长）。

采用残夜法测定上染百分率。

$$上染百分率 C_0 = \left(1-\frac{A_i}{A_0}\right) \times 100\%$$

式中：A_i——染后残液的吸光度；

A_0——染前染液的吸光度。

（2）吸附等温线试验。配制不同浓度染液，预先加热至45℃、60℃、75℃，快速投入纤维，恒温染色，为使染色达到平衡，染浴保温1h。染毕，取出纤维，用冷水洗涤，再用50℃水洗10 min，然后冷水洗，晾干。

（3）纤维上染料吸收量的测定。称取一定质量已染色纤维，采用DMF溶剂于80℃下萃取染色纤维上的染料。直至纤维无色为止。用DMF和水对萃取液定容，定容后萃取液中DMF和水的体积比为：80：20；采用UV–1801型紫外/可见分光光度计测定萃取液吸光度，按照标准工作曲线计算萃取液的染料浓度。根据萃取液中染料浓度和纤维重量计算纤维吸收的染料量（C_f），根据染浴中投加染料量和纤维吸收染料量之差确定染色残液中染料浓度（C_s），从而可计算出上染到纤维上染料浓度$[D]_f$和染液中的染料浓度$[D]_s$。

（4）皂洗牢度的测试。

皂粉　　　5g/L

温度　　　95℃

时间　　　30min

浴比　　　1：100

取相同染色质量的纤维，按上述处方皂煮，然后水洗，将皂煮残液及洗涤液全部倒入250mL容量瓶中，定容，并测定其吸光度。吸光度值越高，则皂洗牢度越差；反之，越好。

四、直接染料对桑皮纤维染色性能的测定

1. **不同温度染色上染速率**　由图4-7可知，对于直接染料4BS而言，在三种染色温度条件下，纤维上染料的上染量均随染色时间的延长而不断增加。随着上染的进行，上染速率降低，最终趋于稳定。染色的初始阶段上染迅速，上染量与染色时间几乎呈直线关系，温度越高斜率越大。这说明较多的染料吸附发生在染色的最初几分钟且染料对纤维的吸附速度随温度的升高而增加，首先因为染色温度越高，纤维分子运动越剧烈，纤维分子间空隙越大，利于染料更快更多地进入纤维内部。其次温度升高，染料分子的热运动也加剧，从而具有更大的动能，扩散速率加快，利于上染。

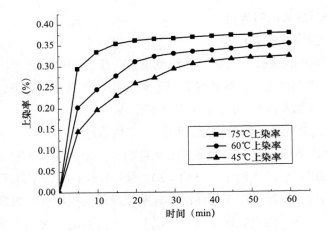

图4-7 不同温度下直接染料4BS对桑皮纤维上染速率曲线

2. **半染时间和染色速率常数** 图4-7的上染速率曲线可用下式表征：

$$\frac{dc_t}{d_t} = k \left(C_\infty - C_t \right)^2 \tag{4-1}$$

式中：k——染色速率常数；

$\quad\quad C_\infty$——染色达到平衡时染料在纤维上的上染率；

$\quad\quad C_t$——染色t时染料在纤维上的上染率。

式（4-1）经积分变成式（4-2）和式（4-3）：

$$\frac{1}{C_\infty - C_t} - \frac{1}{C_\infty} = k \cdot t \tag{4-2}$$

$$\frac{1}{C_t} = \frac{1}{C_\infty^2 \cdot K} \cdot \frac{1}{t} + \frac{1}{C_\infty} \tag{4-3}$$

式（4-3）描述了函数$1/(t \times C_t) = f(t)$的线性关系。

与图4-7对应的$1/t \sim 1/C_t$关系曲线如图4-8所示，桑皮纤维在各温度下的试验点显示了良好的线性关系。$1/C_t$对$1/t$作图可得一直线，根据回归直线的斜率和截距可计算出染色动力学参数，即染色速率常数k和半染时间$t_{1/2}$（吸附量达到平衡吸附量一半所需要的时间），结果列于表4-9。

由表4-9可知，上染速率常数k和半染时间$t_{1/2}$都可反映染色速率的快慢，k值越大，$t_{1/2}$越小，染色速率越快。桑皮纤维染色75℃时的染色速率常数大约是60℃时的2.75倍，大约是45℃染色速率常数的4.7倍；在75℃下，桑皮纤维的半染时间明显小于60℃时和45℃的半染时间，充分说明高温有利于提高纤维染色速率。

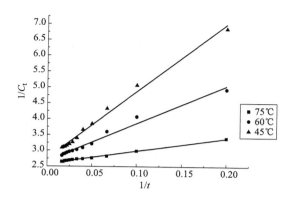

图4-8　$1/C_t$与$1/t$的关系

表4-9　桑皮纤维直接染料染色动力学参数

温度（℃）	染色速率常数k	半染时间$t_{1/2}$（min）
45	0.3539	7.742
60	0.6032	4.434
75	1.661	1.582

3. 桑皮纤维的染色热力学　染料上染纤维的倾向可用染料在纤维上及染液中的化学位表示。但是，由于纤维的染色系统相当复杂，纤维上染料的活度十分难以求得，一般都通过纤维对染料的吸附特征（吸附等温线类型）来进行研究其染色热力学性能。根据染料在纤维上及染液中的浓度 $[D]_f$ 和 $[D]_s$，并以lg $[D]_f$ 对1g $[D]_s$ 作图，如图4-9所示。

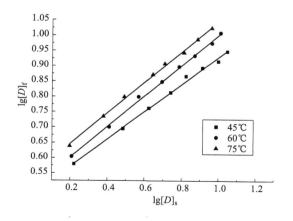

图4-9　lg $[D]_f$ 对lg $[D]_s$ 关系

等温线C的经验方程式为$[D]_f=K[D]_s$，式中K为常数，$0<n<1$，称为佛莱因德利胥（Freundlich）吸附等温线，可写成$\lg[D]_f=\lg[K]+n\lg[D]_s$，$\lg[D]_f$和$\lg[D]_s$成直线关系，其斜率为n。由图4-9可以看出，桑皮纤维上染直接染料4BS的吸附等温线符合这种类型。

4. **颜色特征值的测定** 不同染色温度下直接染料4BS染色纤维的颜色特征值见表4-10。从表4-10可以看出，随着染色温度的提高，K/S、ΔE逐渐增大，说明温度越高越有利于染料的扩散，提高染料的上染率。但L^*随着染色温度的升高降低。

表4-10 不同染色温度下直接染料4BS桑皮纤维的颜色特征值

染色温度	颜色特征值						
（℃）	K/S（560nm）	L^*	a^*	b^*	c^*	H	ΔE
45	13.055	40.07	46.91	20.03	51.01	23.12	68.26
60	17.094	37.96	49.90	23.01	54.94	24.75	72.35
75	23.892	33.74	48.58	23.14	53.81	25.47	74.53

五、直接染料染色皂洗牢度的测定

由于试验用的原料为桑皮纤维，再加上试验仪器有限，因此本次试验仅对纤维的皂洗牢度进行近似测定。将45℃、60℃、75℃染色后的1g纤维用浓度为5g/L皂液1000mL，在95℃下处理30min。用清水洗净，将洗涤液和处理残液置于250mL容量瓶中，定容，测其吸光度。45℃染色吸光度A为0.925，60℃染色吸光度A为0.864，75℃染色吸光度A为0.525。染色温度越高染色皂洗后测得的吸光度A值低，即染色样品的皂洗牢度优于低温染色工艺。

第五章　桑皮纤维纱线产品的开发

第一节　环锭纺产品的开发

桑皮纤维是近年开发的一种新型天然纤维，其光泽良好、手感柔软、易于染色。与棉纤维相比，桑皮纤维有着更加优良的吸湿、透湿、抗皱、耐磨和保暖性，是一种典型的生态纤维。中国是蚕桑丝绸大国，桑树种植面积广，每年冬夏两季桑树修剪都会产生大量的废弃桑枝条，利用桑枝皮，可开发原生桑皮纤维纺织品，有利于蚕桑资源的综合利用，也为纺织产品开发提供了创新空间。

桑皮纤维用于环锭纺纱时间并不长，许多品种及工艺特性仍处于试验开发阶段。由于桑皮纤维长度短，整齐度差，纤维刚度大，抱合力差，成条困难，纺纱过程中纤维掉落多，成纱棉结多、强力低，纺纱断头多，生产有一定的困难，纯纺难度较大，一般选择混纺工艺路线居多。

近年来经过努力，在环锭纺上已经试纺成功了不少典型品种，但多以与棉、麻、绢丝或化纤混纺为主，如18.2tex桑皮纤维/粘胶基甲壳素纤维50/50混纺保健纱等，随着纤维前处理及纺纱工艺的不断优化，纯纺纱支也越来越多，将会具有良好的市场开发应用前景。

一、原料性能分析

桑皮纤维属韧皮纤维，具有坚实、柔韧、密度适中和可塑性强等特点，具有护肤、抗菌等保健功效，同时具有优良的吸湿性、透气性、保暖性，光泽良好，手感柔软，易于染色，是一种具有非常广阔市场前景的新型保健纺织原料。其主要化学成分和纺纱性能指标见表5-1和表5-2。

桑皮纤维最长可达25mm，线密度为2.3dtex，比棉纤维短，纤维的长度差异大，长度整齐度差；桑皮纤维的强度好于棉，断裂伸长率好于棉、麻。

表5-1　桑皮纤维与几种植物纤维化学成分含量的比较（单位：%）

纤维种类	纤维素	半纤维素	木质素果	胶物质	水溶物	蜡质	其他
桑皮	23 ~ 28.6	15.7 ~ 7.4	9.6 ~ 18.5	16 ~ 22.7	18.8 ~ 19	1.7 ~ 2.8	—
大麻	55 ~ 60	16 ~ 17	7 ~ 8	7 ~ 8	9 ~ 10	1.6 ~ 1.8	1 ~ 3
剑麻	44.86	14.38	32.16	3.02	10.2	14.4	—
黄麻	64 ~ 67	16 ~ 19	11 ~ 15	1.1 ~ 1.3	—	0.3 ~ 0.7	0.6 ~ 1.7
苎麻	56 ~ 68.5	16 ~ 18.8	6 ~ 13	1.1 ~ 2	1 ~ 1.46	3.2 ~ 7.2	0.9 ~ 2.8

表5-2　桑皮纤维的纺纱性能指标

项目	桑皮纤维	棉纤维	麻纤维
平均长度（mm）	18 ~ 22	23 ~ 33	60 ~ 250
细度（dtex）	2.0 ~ 2.4	1.6 ~ 2.5	2.8 ~ 6.7
断裂强度（cN/dtex）	4.5 ~ 6.5	2.7 ~ 4.4	4.5 ~ 5.0
断裂伸长率（%）	7 ~ 13	5 ~ 7	2 ~ 2.5
回潮率（%）	9 ~ 10	7 ~ 8	12 ~ 13

二、桑皮纤维预处理

桑皮纤维长度较短，胶质率及动、静摩擦因数大，且静摩擦因数大于动摩擦因数，虽有利于对纤维运动的控制，使纤维卷成形良好，但另一方而，摩擦会产生静电，而且桑皮纤维的质量比电阻较高，因此纺纱时容易产生静电。因此，在纺织加工过程中应添加油剂，并适当增加车间湿度，否则会影响加工过程的进行。

为软化纤维，减小纤维刚性，提高桑皮纤维的抱合力，进行加油处理可以选择施加给湿油剂、软化油剂，在储棉室采用喷雾加湿24 h，给湿量控制在7%左右，一般将桑皮纤维的回潮率控制在11%左右。也可以用以下推荐配方处理，桑皮纤维预处理配方为油剂（煤油+茶油）乳化，给油比例1.2%，均匀喷洒，保湿堆放48h。经预处理后桑皮纤维的回潮率控制在10% ~ 13%之间。

三、典型工艺流程选择及工艺要点

桑皮纤维属天然纤维，长度整齐度差，短绒较多，相对杂质也较多，故采用其与原棉或化学纤维等纤维混合的方式，混纺比一般不宜大于50%。典型工艺流程选择如下。

BC262型和毛机→FA006D-230（TF27）型往复式抓棉机→AMP3000型金属火星探测器→TF45型重物分离器→FA113C型单轴流开棉机→FA051C型凝棉器→FA028C-160（TV425C）型多仓混棉机→JWF1124-160（TF34）型清棉机→JWF1051A型除微尘器→ZF1052型除异纤器→JWF1204+TF2513型梳棉机→RSB-D40lC型并条机→A454型粗纱机→DTM129紧密纺细纱机→Autoconer338 D60型络筒机。

1. **清棉工序工艺要点**　桑皮纤维长度整齐度差，短绒率高，纤维不柔软，杂质多，抱合力小，易掉落，在开清棉成卷工序中，宜采用"多松少打、短流程、低速度、轻定量"清花工艺原则。可利用和毛机将混纺纤维进行混合，或采用人工少量混棉喂入，采取适度的打击、梳理、混和手段，使棉层均匀、成卷稳定。在清棉工序，综合打手速度不宜过高，各机台的尘棒隔距适当放大，以多落杂质；要采取多松多排少打工艺，成卷采用梳针打手，减少打击次数，加强开松梳理，加大清棉各设备的落棉率，缩短清棉流程，减少打击点，避免由于过度打击产生纤维损伤，以减少纤维散失和损伤及短绒率，尽量排除较短纤维。清棉主要工艺配置为：FA006D-230（TF27）型往复式抓棉机抓棉打手转速975r/min，抓棉机运转效率要达到90%及以上，采用单轴流开棉机梳针打手，打手转速为420r/min，棉卷罗拉转速为10.2r/min，棉卷设计定量为350g/m，棉卷设计长度为36m，棉卷伸长率小于1%，质量不匀率为1.2%。

2. **梳棉工序工艺要点**　梳棉工序的主要任务是梳理、进一步排除纤维短绒和疵点。针对桑皮纤维杂质较多、呈缠结状、梳理负荷重、盖板易充塞、成网易断和烂边，影响棉网质量等情况，梳棉宜强分梳、防充塞、控落棉措施，应对金属针布进行优选，适当放大锡林和盖板间隔距，适当降低道夫速度，提高盖板速度，改善棉网清晰度，减少纤维损伤，使纤维顺利转移，减少棉结。同时调整后区工艺，控制后区落棉。桑皮纤维中的细小杂质较多、短绒相对较高，应采用多落的工艺，可考虑将盖板速度适当放大掌握，需要时可调到最大252mm/min，除尘刀角度为800，下降0.4mm；锡林与活动盖板五点隔距分别为0.20mm、0.18mm、0.15mm、0.15mm、0.18mm；为防止损伤纤维，控制短绒增长，减小生条棉结，锡林转速采用330r/min，刺辊转速为658r/min。

3. **并条工序工艺要点**　桑皮纤维长度整齐度比较差，因此并条工艺主要解决条干不匀的问题。一般采用两到三道并条，采取"偏重加压、中隔距、中定量、低车速、顺牵伸"的工艺原则。由于桑皮纤维抱合不足，纤维较短，并条均宜采用较小隔距，加强集合增加抱合力，减少意外牵伸，选用处理适宜的胶辊纺纱，减少飞花、缠绕及堵塞等问题。如桑皮纤维与棉混纺其生条结构比纯棉条混乱，经过两到三道并合牵伸，以提高纤维伸直平行度、整齐度和降低重量不匀率。为了降低熟条条干均匀度，并条宜采用倒牵伸工艺配置为宜，即头道并条牵伸倍数大于并合数，末道牵伸倍数小于并合数。罗拉隔距配置适当，以改善条干水平，采用弹簧摇架加压，以加强对纤维运动的有效控制。采用重加压，减少棉条在牵伸中的滑移现象，提高牵伸效率和纤维伸直平行度，改善棉条结构，提高条干水平，减少成纱的粗细节和棉结粒数。相对于纯棉纺纱工艺，其工艺后区牵伸倍数和罗拉隔距可按照头并偏大掌握，二道并条适中掌握，末道并条偏小掌握的原则配置。由于桑皮纤维长度较短，在整个生产过程中都要保持低速，并条速度要低于300m/min。并条质量指标为：末并条干CV值为3.1%，质量不匀率0.8%。

4. **粗纱工序工艺要点**　针对桑皮纤维纺纱的特点，粗纱工序的任务重点是改善条干CV值，提高纤维伸直平行度和控制粗纱伸长率。粗纱工艺配置应采用"轻定量、低速度、重加压、中隔距、小张力、大捻度"的工艺原则。粗纱捻系数偏大控制，粗纱张力以较小掌握，防止粗纱意外伸长而产生成纱细节，影响成纱质量。要发挥主牵伸区的主导作用，能够有利于控制浮游纤维，将后区隔距适当缩小，可保证纤维在后区充分伸直，并减少纤维损伤。粗纱卷装应偏小掌握，为减少细纱退绕时的意外张力和断头，采取较大的轴向卷绕密度。粗纱主要工艺参数：定量5.5g/10m，捻度4.15捻/10cm，后区牵伸1.18倍，罗拉隔距25mm/40mm，前罗拉转速178r/min，锭速647r/min，轴向卷绕密度3.45圈/cm。粗纱条干不匀率为4.85%，粗纱伸长率1.5%。

5. **细纱工序工艺要点**　针对桑皮纤维本身的特点，细纱工序使用紧密纺技术可大幅降低成纱毛羽，改善成纱条干CV值，减少细节、粗节和棉结等常发纱疵。工艺上采取较慢车速、较小适宜的罗拉隔距、后区牵伸倍数以较小控制、大罗拉加压，保证成纱条干优良；成纱捻度偏大设计，增加纤维间的抱合力，以保持须条间的紧密度，从而提高成纱强力。细纱主要工艺参数：锭速14200r/min，罗拉隔距16.5mm/42mm，后区牵伸倍数1.20倍，捻系数400。胶辊的硬度选用65度软弹性胶辊，表面可使用抗静电剂进行适当处理，以减少毛羽的产生。

6. **络筒工序工艺要点**　采用自动络筒机络纱，掌握"小张力、低速度"的工艺原则，要求络纱通道光洁，断纱自停抬臂灵活，防止断头后筒子与槽筒摩擦造成磨烂。络筒速度以900～1200m/min，电清参数设置根据后道产品用途及成纱质量状况确定，可选择为：长粗40%×30cm，短粗150%×2.5cm，长细-40%×32cm，棉结350%。

第二节　转杯纺产品的开发

桑皮纤维的品质主要受桑树品种、生长环境和纤维制备技术水平等因素影响。目前从检测的桑皮纤维数据看，批量制取的桑皮纤维细度约为苎麻的1/2，强度高于棉，与苎麻接近，断裂伸长优于棉、麻纤维，而长度仅为细绒棉的1/2 ~ 2/3，用于纯纺或环锭纺还是存在一定的困难。但桑皮纤维与棉、麻、绢丝和其他化学纤维等纤维混纺，走转杯纺工艺路线是比较成熟可行的，可以充分利用转杯纺纺杯除微尘、排细杂的能力，同时转杯纺的加捻方式可以将桑皮纤维的大多数疵点包在纱芯，减少短绒形成的毛羽棉结。

一、生产工艺流程

为提高桑皮纤维的可纺性，一般将桑皮纤维和棉纤维采用棉包混和的方法，利用转杯纺工艺流程进行生产，具体工艺流程为：开清棉→梳棉→并条（头并）→并条（二并）→转杯纺纱机。

代表性流程设备型号：A002C型自动抓棉机→A006B型自动混棉机→A036型鼻形打手开棉机→A036A型梳针打手开棉机→A062型电气配棉器→A092AST型双箱给棉机→A076型综合打手成卷机→FA201B型梳棉机→FA306型并条机→FA306型并条机→RFRS30型转杯纺纱机。

二、工艺技术要点

1. **开清棉工序技术要点**　桑皮纤维原料在加工时的预处理方法同前述。在开清工序按照纺纱生产惯例，不同落杂要求的原料应该经过单独的开清棉工序，但因桑皮纤维长度过短，梳棉单独成条困难，清花采用棉堆混棉。为便于均匀抓取，排包时对混纺原料采用小批量多组分间隔分条排包的方式。桑皮纤维由于较顺直且施加有增柔油剂，成包密度较大，抓棉机打手对其抓取量小于其他两种原料，棉堆下部的桑皮纤维比例明显高于上部，使先后所开的棉卷混纺比差异较明显。因此，将每箱原料开始和最后的数个棉卷分别编号，在后道工序进行棉卷搭配使用，减小混和差异。为减少纤维损伤，A036型豪猪式开棉机的豪猪打手宜改为鼻形打手和梳针打手，实施多梳少打，渐进开松。打手速度分别为400r/min和380r/min，尘棒隔距根据落物内容及数量适时调节。A076型成卷机综合打手速度为820r/min，紧压罗拉适当加重压力，棉卷成形良好。

2. **梳棉工序技术要点** 由于棉卷中各类疵点多，梳棉除杂负荷较重，因此各部梳理隔距采用"紧隔距"。各梳理隔距设计:给棉板至刺辊0.18mm；刺辊至锡林0.15mm；锡林至盖板5点隔距为0.20mm、0.20mm、0.15mm、0.15mm、0.20mm；锡林转速360r/min，刺辊转速810r/min；除尘刀采用"低刀大角度"工艺，增加第一落杂区长度，着重排除硬条和短绒。同时，小漏底进口隔距放大至8mm，加强纤维的回收；盖板盘减小至260mm，充分发挥盖板清除桑结、小硬条的作用；为了保证锡林盖板梳理区良好的状态，要求操作工定时取走盖板花；针对输出棉网飘浮的情况，道夫宜采取19r/min的低速设计，机前加过棉板托持棉网，根据纤维条件，生条宜采用轻定量18.5g/5m以下，保证较好的梳理质量和减轻后道工序尤其是转杯纺压力。

3. **并条工序技术要点** 由清花每箱原料始末生产的标记棉卷所生产的生条，在头并上按1:1的比例搭配使用。由于生条中短纤维较多，因此两道并前后牵伸区隔距宜分别设计为7mm 和12mm，控制较小的并条总牵伸倍数，同时配置硬度偏软的高效抗绕渗碳胶辊，使其摩擦力界有一定延伸，便于对短纤的控制。一并、二并分别采用6根、7根并合，两道并条的总牵伸倍数为6.52倍和7.89倍，后牵伸区牵伸倍数依次为1.70倍和1.43倍，熟条采用轻定量配置。

4. **转杯纺纱工序技术要点** 转杯纺纱工序是纺纱过程的最后一道工序，各有关工艺参数的选用是否合理，直接影响成纱质量和纺纱稳定性。根据纱线的最终用途，转杯纺捻度宜偏大掌握。为了减少纺杯内加捻点弱环处断头，可选择R4型阻捻盘，增强假捻效果。运转中加强对纺杯各处气压的监控、调节，减少锭间差异，并保持排杂通道畅通。如纺制16.4tex纱的主要参数：总牵伸倍数148.29倍，引纱速度34.78m/min，给棉速度0.234m/min，设计捻度115捻/10cm，分梳辊转速7200r/min，纺杯转速60000r/min。

第三节　包芯纱产品的开发

纺织行业的快速发展和升级，使得多种新型纤维和功能性纤维被广泛地应用到纺织领域中，这也就使得过去传统的纺织品种从单一化走向多样化。桑皮纤维是近年开发的一种新型天然纤维，其光泽良好、手感柔软、易于染色。与棉纤维相比，桑皮纤维有着更加优良的吸湿、透湿、抗皱、耐磨和保暖性，是一种典型的生态纤维。芦荟粘胶短纤维是以棉浆粕为原料，通过碱浸、压榨、老成、黄化、混合、过滤、脱泡、熟成、纺丝、精炼、干燥而成的再生纤维素纤维。芦荟纤维的化学和物理性能非常接近棉花，具有良好的吸湿性、放湿性，用其加工的织物穿着特别舒适。

芦荟纤维/桑皮纤维28tex混纺纱70/30+7.8tex（70旦）氨纶包芯纱是以氨纶丝为芯丝，外包芦荟纤维/桑皮纤维混纺纱在改装后的普通环锭细纱机上一起加捻而纺制成纱。在纺制过程中，芦荟纤维/桑皮纤维粗纱从细纱机的牵伸装置通过，而氨纶丝经过退绕机构后先经一定的预牵伸，再从细纱机的前罗拉钳口喂入，这样氨纶丝与芦荟纤维/桑皮纤维须条在前罗拉钳口会合后一起输出，加捻后卷绕到细纱筒管上。

近年来，服装面料趋向多样化、功能化，利用包芯纱技术生产芦荟纤维/桑皮纤维混纺包芯纱，可使织物具有舒适自如、合身适体、透气吸湿、抗菌抑菌、弹性回复率高等服用性能。采用普通棉纺设备和包芯纺纱技术，开发芦荟纤维、桑皮纤维、氨纶丝包芯纱，除了用于运动衣以外，还可用作衬衣、外衣和裙子面料，因此芦荟纤维/桑皮纤维28tex混纺纱70/30+7.8tex（70旦）氨纶包芯纱有助于增加纺织产品的品种，提高纺织服装产品的档次，为我国纺织出口提供新的增长点，提高国际市场的竞争力。以下就芦荟/桑皮 70/30 28tex+7.8tex（70旦）氨纶包芯纱的生产工艺进行介绍。

一、原料性能分析

桑皮纤维具有优异的抗菌、抑菌性能，防臭效果，芦荟纤维具有良好的吸湿性、放湿性，桑皮纤维与芦荟纤维混纺解决了纯纺桑皮纤维可纺性差的缺陷，而且芦荟纤维还使针织物的服用舒适性进一步提高。在标准的温湿度条件下测得纤维的物理指标见表5-3和表5-4。

7.8tex（70旦）氨纶丝具有高伸长、高弹性，同时具有密度小、质量轻、回缩率小而回弹性强的特性，穿着时感到舒适，不会有橡皮筋线的压迫感，拉伸变形后能恢复到原状；氨纶丝的缺点是吸湿性差，公定回潮率仅为1.3%，强度也较其他纤维强度低，因此采用芦荟纤维和桑皮纤维作为外包纱线生产氨纶包芯纱，可提高单根氨纶丝的强力。

表5-3　桑皮纤维物理性能指标

回潮率（%）	断裂强度（cN/dtex）	短绒率（%）	桑结（粒/g）	疵点（%）	平均纤度（dtex）	平均长度（mm）
9	4.8	40.9	35	2.5	2.65	22

表5-4　芦荟纤维物理性能指标

回潮率（%）	断裂强度（cN/dtex）		质量比电阻（Ω·g/cm²）	初始模量（伸长15%）（cN/dtex）		线密度（dtex）	长度（mm）
	干态	湿态		干态	湿态		
12.5	3.14	2.46	7.5×10^7	21.5	10.2	1.7	38

二、纤维的染色及预处理

芦荟纤维和桑皮纤维采用先染后混的生产方法。因为芦荟纤维颜色偏黄，所以染色前需进行漂白处理。桑皮纤维作为天然纤维取自桑树皮，在其进行酶脱胶之前，是被果胶紧密包裹着的，脱胶后，果胶尚有一定残留，且桑皮纤维的结构比较紧密，因而要对其进行脱尽果胶等杂质的前处理，使桑皮纤维充分膨胀，能够符合一般染料正常染色的要求。实验采用活性染料，颜色为粉色，严格染色工艺条件，尽量减小两种纤维色差。芦荟纤维吸湿放湿较快，生产中容易产生静电，须加入抗静电剂，抗静电剂是投料量的0.4%，回潮率控制在12%左右，桑皮纤维喷洒乳化油剂，以增加其柔软性和纤维抱合力，给油比例是投料量的1.2%。

三、纺纱工艺配置

染色后的桑皮纤维长度变短，长度整齐度差，短绒较多，梳棉单独成条困难，为保证混纺纱芦荟纤维/桑皮纤维70/30的混纺比，采用散纤维混合的方法，在生产过程中严格控制落棉，根据落棉定型分析，将投料比（干）控制在65/35，以确保最终的混纺比为70/30，色纺纱的生产工艺流程为：FA002型自动抓棉机→FA121型除金属杂质装置→FZFA026型自动混棉机→FA106A型梳针滚筒开棉机→FA107A型梳针打手开棉机→A092AST型振动式双棉箱给棉机→FA141型单打手成卷机→FA201B型梳棉机→FA306型并条机（×2）→FA458A型粗纱机→FA507B型细纱机（改造）→NO.21C型自动络筒机。

1.前纺工艺措施　桑皮纤维长度短，杂质多，纤维刚性大，抱合力小，为保证棉网质量，减少纤维损伤，多落杂质，桑皮纤维/芦荟纤维开清工序可以采取"短流程、慢速度、勤抓少喂、多松少打"的工艺原则，使棉层均匀，成卷稳定，成卷后用包卷布包好，严防油剂和水分挥发，为了保证良好的预处理效果要现纺现用，提高可纺性；清花主要工艺参数为：棉卷干定量390.83g/m，棉卷罗拉12.36r/min，开棉机梳针打手速度405r/min，成卷机综合打手900.6r/min。

由于棉卷中的疵点多，加重了梳棉除杂负荷，为减少盖板充塞，造成成网烂边，影响棉网质量，梳棉工序采用"紧隔距、低速度、小张力"的工艺原则，加强桑皮纤维和芦荟纤维的回收，适当降低刺辊、锡林、道夫的转速，适当提高盖板速度，减少纤维充塞，反复揉搓，增加梳理转移，减少棉结的产生，增加第一落杂区长度，着重排除短绒，除尘刀采用"低刀大角度"工艺，棉条的张力牵伸偏小掌握；梳棉主要工艺参数为生条干定量为18g/5m，锡林速度330r/min，道夫速度为21.5r/min，刺辊速度为800.05r/min，锡林至盖板间的隔距为0.20mm、0.20mm、0.15mm、0.15mm、0.20mm，刺辊与锡林间的隔距为0.15mm，锡林与道夫间隔距为0.12mm。

桑皮纤维长度短，长度整齐度差，抱合力小，为增加混合条子中纤维间抱合力，较少意外牵伸，降低重不匀，并条工序采用"重加压、中隔距、低速度、顺牵伸"，为减少纤维的缠绕及堵塞，选用硬度偏软的高效抗绕渗碳胶辊，使其摩擦力界有一定延伸，为了加强对纤维运动的有效控制，采用弹簧摇架加压，同时使用自调匀整装置，减少棉条在牵伸中的滑移现象，改善棉条结构，提高条干水平；纺桑皮纤维和芦荟纤维的纺桑皮纤维和芦荟纤维的并条的主要工艺参数见表5-5。

表5-5　并条工艺参数表

道别	条子干定量（g/5m）	前罗拉速度（m/min）	并合数	总牵伸倍数		牵伸倍数分配		罗拉加压（N）
				机械	实际	前牵伸	后牵伸	1×2×3×4
头并	20.91	343.8	6	5.904	5.73	5.399	1.06	240×340×340×370
二并	20.11	343.8	8	8.577	8.33	7.466	1.15	240×340×340×370

为减少粗纱意外伸长，改善条干CV值，克服纱条强力不足，利于细纱牵伸，粗纱工序采用"中捻系数、重加压、低速度、小张力"的工艺原则，适当减小粗纱卷绕直径，减少退绕张力，为减少纤维在纺纱过程中的刚度，粗纱回潮率适当偏大掌握；粗纱主要工艺参数为定量6g/10m，前罗拉速度240r/min，锭速910r/min，

后区牵伸倍数1.318倍，捻系数80.156，罗拉中心隔距（前×中×后）10mm×24mm×26mm，罗拉加压（N/双锭）196×265×196×196。

2. 细纱和络筒工艺措施

（1）细纱改造。在FA507B型细纱机上纺制氨纶弹力包芯纱，需要加装附加装置喂入机构和预牵伸机构，采用积极方式控制氨纶丝牵伸倍数。该装置位于牵伸装置上方，吊锭粗纱前面，由两根平行的退绕罗拉、预牵伸机构和传动装置组成。传动装置由另一台变频电动机控制；长丝经预牵伸机构牵伸后，送入前胶辊后面与正常的外包纤维须条汇合，通过前钳口一起加捻成纱。

在改制的环锭纺细纱机上有一种集棉器，前端只开一梯形小槽，可使须条收紧，促使氨纶丝进入集棉器后能导向定位于外包须条束的中间，以保证前罗拉输出的氨纶丝轴向为外包纤维加捻区的顶角处。这种集棉器还可显著减少毛羽，并对强力及伸长率的改善有一定的效果。细纱改造效果如图5-1所示。

（2）细纱及络筒关键工艺设计。为了提高芦荟纤维/桑皮 70/30 28tex+7.8tex（70旦）氨纶丝包芯纱的成纱性能，细纱主要做了以下几方面的工艺设计及调整。

①为防止在纺纱过程出现一根粗纱断头而纺纱继续的现象，采用2mm间距双喇叭口，同时将钢丝圈重量加重两三号的措施，利用钢丝圈自身重量造成断头以防止长细的产生。钢丝圈号数选为4/0。

②为加强后区对两根粗纱的控制，牵伸型式改为依纳V型牵伸，罗拉中心距为40mm×43mm，三罗拉直径规格为25mm×25mm×50mm，罗拉加压（N/双锭）为176×147×167。

③为了防止因钢丝圈过热而使氨纶丝断头，减小离心力作用对成纱质量的不良影响，采取了低速生产，并采用易散热的6903型的钢丝圈，锭速为12000r/min。

④氨纶丝的预牵伸倍数不宜过大，选用3.8倍，可以保证织物的弹性伸长率为25%～35%的良好回弹力。

细纱工序具体的工艺参数为长丝与须

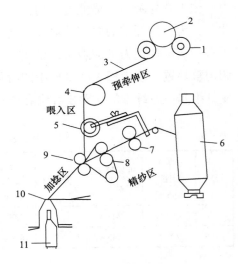

图5-1 包芯纱工作原理
1—氨纶丝积极喂入罗拉　2—氨纶丝平行筒子
3—氨纶丝　4—氨纶丝预牵伸罗拉
5—导丝轮　6—粗纱　7—后罗拉
8—中罗拉　9—前罗拉
10—导纱钩　11—锭子

条间距3mm，干定量2.55g/100m，前罗拉速度238.62r/min，后区牵伸倍数1.21倍，捻系数350，钳口隔距块3.0mm；络筒工序的主要工艺参数为自动络筒机主要是清除纱疵，设定清纱范围为细结<50%（50cm），长粗结>50%（50cm），短粗结>200%（3cm），速度850 m/min。

四、成纱性能分析

1. **弹力包芯纱外观结构特性**   通过对比28tex芦荟纤维/桑皮纤维70/30混纺纱与28tex芦荟纤维/桑皮纤维70/30混纺纱+7.8tex（70旦）氨纶丝包芯纱结构，说明了包芯纱的结构特点。包芯纱截面结构及其混纺纱线构成的纵向结构如图5-2和图5-3所示。

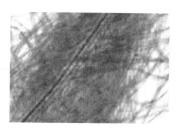 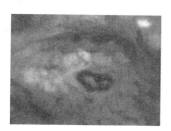

(a) 开松的包芯纱　　　　　　　　　　　　(b) 包芯纱的横截面

图5-2　包芯纱截面结构电镜照片

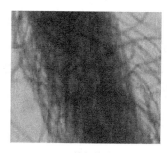 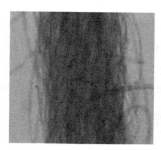 

(a) 外包纱线　　　　　　　　　(b) 包芯纱　　　　　　　　　(c) 氨纶丝

图5-3　芦荟纤维/桑皮纤维混纺纱及包芯纱的各组分外观

由图5-2和图5-3可以看出，通过纺纱过程中混纺纱短纤维与氨纶纠缠抱合的同时，按照各自的规律实现内外转移，芯纱在中间，外包纤维在外围，实现芯纱不外露。芦荟纤维/桑皮纤维混纺纱外观与包芯纱的外观结构相同，混纺纱的毛羽比包芯纱的毛羽乱，并且包芯纱的主体内纤维的伸直平行度较混纺纱要好。

2. **弹力包芯纱成纱质量检测** 质量检测在标准的温湿度条件下进行，采用YG016型电子单纱强力仪测试单纱强力，实验参数为隔距500mm，拉伸速度500mm/min的定速拉伸方法，预加张力10CN，测30次数据取得平均值。采用SL100E型纱线条干均匀度分析仪测试纱线的条干均匀度，采用YG171L2型纱线毛羽测试仪，将包芯纱的成纱性能与相同特数的棉纱性能进行对比，两种纱线的主要质量指标见表5-6。

表5-6 纱线的性能指标

性能指标	混纺纱	包芯纱
断裂强力（cN）	352	356
断裂伸长率（%）	9.4	24.6
单纱强力CV值（%）	8.6	6.86
条干CV值（%）	12.6	12.3
-50%细节（个/1000m）	7	6.4
+50%粗节（个/1000m）	40	35
实际捻系数	340	330
毛羽指数H	4.6	3.5

通过对表5-6的分析可以看出，由于包芯纱的强力几乎完全由外包纤维决定，生产选用强力较高的芦荟纤维和桑皮纤维，增加了纱线截面内的纤维根数，这两种纤维与棉纤维进行混纺作为包芯纱的外包纤维，提高了包芯纱的强力，因此强力可以达到相同支数的棉纤维强力，断裂伸长率明显高于混纺纱，单纱强力CV值要好于纯棉纱，粗细节基本持平，在条干和毛羽方面均优于纯棉纱，因此芦荟纤维/桑皮纤维+氨纶包芯纱完全可以满足织造要求。

生产采用目前最为成熟的环锭纺包芯纱的技术生产芦荟纤维/桑皮纤维+氨纶丝包芯纱。在纺纱过程中应注意以下事项。

（1）芦荟纤维要进行漂白处理，桑皮纤维结构紧密，脱胶后仍有果胶残留，因此要对其进行前处理，实验采用活性染料，严格染色工艺条件，尽量减小两种纤维色差。

（2）芦荟纤维吸湿放湿较快，生产中由于与机件的摩擦容易产生静电，须加入抗静电剂，抗静电剂是投料量的0.4%，桑皮纤维喷洒乳化油剂，以增加其柔软性和纤维抱合力，给油比例是投料量的1.2%。

（3）严格按照纺纱各道工序的工艺措施进行纺纱，生产出来的包芯纱可以满足织造要求。

生产选择最优的工艺参数及严谨的生产操作，保持了长丝芯纱的优良弹性，外包短纤维的良好的吸湿性、放湿性、保健性，用这种纱线织制的面料可赋予织物良好的蓬松、柔软性、良好的弹力效果，使织物的服用舒适性进一步提高。值得注意的是外包纤维在纺纱过程中会产生静电、易缠绕胶辊，各车间温湿度应偏大控制。

第四节　桑皮纤维纱线产品的开发实例介绍

一、桑皮纤维/棉 55/45 28tex 转杯纺成纱工艺及性能分析

随着生态环境问题和能源问题的加剧，开发具有绿色环保性能的天然纤维及其相应的纺织材料已成为当前研究的一项热点。桑皮纤维是一种野生植物纤维，具有优异的吸湿透气性、保暖性和良好的抑菌性能，并可生物降解，其光泽良好、手感柔软、易于染色，是一种高附加值的纯天然绿色纤维。本研究采用新型微波—酶—化学辅助技术对桑皮韧皮进行前处理成功地制得桑皮纤维，通过优化生产工艺，纺制成桑皮纤维/棉转杯混纺纱，并通过试验对纱线结构、拉伸断裂性能、条干均匀度以及抗菌性进行测试与分析，为使桑皮纤维产品产业化生产奠定基础。

1. **桑皮纤维的制备及其性能指标**　AMBET前处理工艺：桑皮除杂处理→调湿→微波处理→机械捶打除杂→试样酸浸预处理→碱中和→生物酶处理→碱液煮练→水洗→生物酶处理→漂白→水洗→烘干。桑皮纤维性能见表5-7。

表5-7　桑皮纤维的性能

样品	断裂强度 （cN/dtex）	断裂伸长率 （%）	初始模量 （cN/dtex）	线密度 （dtex）	长度 （mm）	束丝率 （%）
桑皮纤维原样	3.99 ± 0.93	4.35 ± 0.48	91.5 ± 19.8	3.3 ± 0.3	18.8 ± 2.7	—
AMBET处理桑皮纤维	6.18 ± 0.57	3.76 ± 0.33	165.2 ± 18.9	2.2 ± 0.2	23.3 ± 2.5	11

2. **纺纱工艺流程及设备选用**　为提高可纺性，本研究采用棉包混和的方法，利用转杯纺工艺流程进行加工，具体工艺流程为：FA002D型抓包机→ZFA026型自动混棉机→FA106A型梳针开棉机→FA046A型振动棉箱给棉机→FA141型单打手成

卷机→FA201B型梳棉机→FA306型并条机（两道）→RFRS-30型转杯纺纱机。

3. **原料处理及混纺比的确定** 桑皮纤维具有硬挺、刚性大，纤维间抱合力差、伸长小、易脆断，纤维间摩擦系数较大，纤维长度差异大，短绒率高等特点，不利于成纱。本研究针对桑皮纤维特点，对桑皮纤维进行预处理。

4. **桑皮纤维的预处理** 由于AMBET处理的桑皮纤维还有部分束丝，在纺纱过程中易形成棉结粗节，为提高桑皮纤维的可纺性，本研究利用Y101型原棉杂质分析机对其进行开松处理，开松前后的桑皮纤维性能对比见表5-8，开松前后的桑皮纤维比较见图5-4，在处理前为减少对纤维的损伤，将桑皮纤维进行加油处理，以软化纤维，减小纤维刚性，提高桑皮纤维的抱合力，施加的油剂为FD-ZY06A给湿油剂与FD-ZY06B软化油剂与水采用1∶0.5∶5的配比混和溶液，在储棉室利用喷雾加湿24h，给湿量控制在7%左右，一般将桑皮的回潮率控制在10%左右。

表5-8 开松后的桑皮纤维性能

样品	断裂强度（cN/dtex）	断裂伸长率（%）	初始模量（cN/dtex）	细度（dtex）	长度（mm）	束丝率（%）
AMBET处理桑皮纤维	6.18 ± 0.57	3.76 ± 0.33	165.2 ± 18.9	2.2 ± 0.2	23.3 ± 2.5	11
开松后的桑皮纤维	6.97 ± 0.48	4.23 ± 0.51	173.2 ± 16.3	2.2 ± 0.2	20.7 ± 2	3

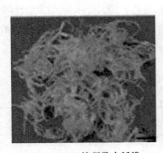  

(a) AMBET处理桑皮纤维　　(b) 开松后的桑皮纤维　　(c) 开松落杂

图5-4 开松前后的桑皮纤维宏观照片

5. **混纺比** 由于桑皮纤维可纺性较差，纺纱的技术难点在于成网成条，为确定合适的混纺比，本研究以桑皮纤维/棉 85/15、70/30、55/45三种混纺比进行试纺比较，比较结果见表5-9。

表5-9　不同混纺比试纺效果对比

桑皮纤维/棉混纺比	成网成条效果	纱线性能	转杯纺断头率 [根/（千锭·h）]
85/15	成网性差，棉网均匀度差	条干极差，强力低	1576
70/30	能成网，但条子强力差，易断条	条干差，强力低	639
55/45	较好	条干较好，强力较好	72

综合考虑，本研究选用桑皮纤维/棉 55/45 的混纺比。由于桑皮纤维短绒较多，在纺纱过程中落棉较多，为确定最终的混纺比为55/45，经反复试纺与试验，确定最终的投料比为68/32。

6. 各工序主要工艺要求

（1）开清棉工序工艺要求。桑皮纤维短绒多、杂质多，纤维易断，纺纱时应以"少抓勤抓、均匀混合、多松少打、早落、低速"为工艺原则，尘棒与尘棒之间的隔距适当放大，设计为6mm。打手速度要适当降低，其中ZFA026型自动混棉机打手速度按最低设计，FA106A型豪猪开棉机打手速度按480r/min设计，FA141型单打手成卷机采用梳针打手，转速按920r/min设计；棉卷定量按400g/m设计，棉卷长度按41.4m设计。

（2）梳棉工序工艺要求。梳棉采取"慢速度、大隔距、小张力"的工艺原则，一方面提高梳理效果，另一方面尽可能避免纤维受损伤。适当调节锡林盖板隔距、放大第一落杂区隔距、降低刺辊速度，加大刺辊与锡林速比，这样有利于纤维从刺辊向锡林的转移，减少对纤维的打击搓揉。

锡林与盖板之间的隔距为0.35mm、0.33mm、0.30mm、0.30mm、0.33mm，给棉板与刺辊之间隔距为0.25mm，锡林与道夫隔距为0.15mm，锡林速度为330r/min，刺辊速度为798r/min，生条定量控制在20.2g/5m，棉网张力控制在1.188。另外环境相对湿度按70%～75%控制。

（3）并条工序工艺要求。并条工艺以提高纤维平行伸直度、降低质量不匀为重点，遵循"中定量、慢速度、小隔距、重加压"的工艺原则。并条采用顺牵伸，有利于纤维的伸直环境相对湿度按65%～70%控制。具体工艺设计见表5-10。

（4）转杯纺纱工序工艺要求。分梳辊针齿规格以及分梳辊转速时，既要保证纤维的充分梳理，又尽量不损伤纤维。选用OK37的分梳辊以及6000r/min的转速，纱线强力较高、结杂较少。纺杯采用"小纺杯、中速度"以提高加捻效率，降低纺纱断头率，本研究需用 ϕ 38的纺杯，60000r/min的纺杯转速，考虑到最终的纱线用途为针织用纱，纺制28tex纱线（桑皮纤维回潮按12%计），选用460的设计捻系数，采用R4金属光滑假捻盘，转杯纺工序工艺详见表5-11。

表5-10　并条工艺

混并道数	并合数	条子定量（g/5m）	后牵伸倍数	罗拉隔距（mm）	喇叭口直径（mm）	出条速度（m/min）
头并	8	19.5	1.49	2×12	3.2	112
二并	6	18.7	1.16	2×12	3.2	112

表5-11　转杯纺工艺

分梳辊转速（r/min）	纺杯转速（r/min）	喂棉速度（m/min）	引纱速度（m/min）	卷绕张力牵伸倍数	横动频率（Hz）	落棉率（%）
6000	60000	0.5	69	0.99	14.9	6

7. 纱线性能分析　本书主要对纱线的形貌结构、捻度、条干、毛羽、断裂性能以及抑菌性进行测试，并与苎麻/棉55/45 28tex转杯纺纱线的性能进行比较，见表5-12。

表5-12　纱线性能指标比较

性能指标	桑皮纤维/棉 55/45 28tex 转杯纺纱线	苎麻/棉55/45 28tex转杯纺纱线
捻系数	398	410
断裂强度（cN/tex）	11.7	15.4
断裂伸长率（%）	4.56	5.12
断裂强力CV值（%）	7.9	7.4
Uster条干CV值（%）	18.11	19.90
毛羽值H	2.8	9.0
抑菌性（%）	65.9	47.6

（1）形貌结构。用XSP-1CA型显微镜观察桑皮纤维表面的形貌，放大400倍。纱线结构如图5-5所示。

（2）抗菌性能。抗菌标准参照国家FZ/T 73023—2006《抗菌针织品》。以振荡法测定桑皮棉混纺纱和苎麻棉混纺纱的抗菌性能，并进行比较。所用菌种为大肠杆菌，样品的抗菌性能以抑菌率表示。纱线抗菌性指标见表5-12，桑皮棉混纺纱抗菌性试样对比如图5-6所示。

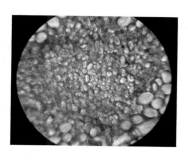

图5-5　桑皮纤维/棉转杯混纺纱结构截面

（3）纱线强伸性能。采用YGB021A型单纱强力仪；试样夹持长度（500±2）mm，恒定速度500mm/min，预加张力（0.5±0.1）cN/tex。测试结果见表5-12。

  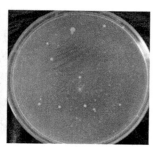

(a) 对比样　　　　　　　　(b) 空白样　　　　　　　　(c) 桑皮棉混纺纱培养皿

图5-6　桑皮棉混纺纱抑菌性试样对比

（4）毛羽性能。参考FZ/T 01086—2000《纺织品　纱线毛羽测定方法　投影计数法》，采用YG172型纱线毛羽仪，测试速度10m/min，测试片段长度10cm。毛羽测试结果见表5-12。

（5）条干均匀度。采用乌斯特条干仪；测试速度30m/min；每组工艺纱线测量5次，取平均值。纱线条干均匀度测试结果见表5-12。

（6）结论。

①AMBET处理的桑皮纤维与棉采用55/45的混纺比纺纱完全可行。

②桑皮纤维/棉 55/45 28tex 转杯纺纱线在抗菌性、条干均匀度以及抗菌性性能远优于苎麻/棉55/45 28tex转杯纺纱线。

③桑皮纤维的前处理直接关系到可纺性以及纱线性能。

二、精梳桑皮纤维/棉55/45 18.5tex转杯纱的工艺优化

桑皮纤维是一种野生植物纤维，具有优异的吸湿透气性、保暖性和良好的抑菌性能，并可生物降解，其光泽良好、手感柔软、易于染色，是一种高附加值的纯天然绿色纤维。本研究已成功纺制出桑皮纤维/棉 55/45 28tex转杯纺纱，为进一步提高产品质量和档次，在前期研究的基础上对精梳桑皮纤维/棉 55/45 18.5tex转杯纺纱进行工艺优化，主要解决纺纱元件的规格选用和工艺确定问题。

1．纺纱工艺流程及设备选用　纱线的具体工艺流程为：养生的桑皮纤维和棉→FA002A型自动抓棉机→A035E型混开棉机→FA106A型梳针开棉机→A092A型双棉箱给棉机→A076C型单打手成卷机→FA201B型梳棉机→FA306型并条机（预并）→JSFA360型条并卷联合机→SXF1269A型精梳机→FA306型并条机（两道）→RFRS-30型转杯纺纱机。

2．纱线性能检测及设备

（1）纱线性能检测项目。成纱性能检测主要对纱线的单纱断裂强力、单强CV值、条干CV值、毛羽指数H等性能进行测试，用来考察纱线性能。

（2）纱线性能检测设备。

①条干均匀度仪：瑞士乌斯特公司Uster II型。

②单纱强力仪：山东莱州电子仪器有限公司YGB021A型。

③纱线毛羽仪：山东莱州电子仪器有限公司YG171L型。

（3）转杯纺工艺及其优化。

①分梳辊针齿规格和假捻盘规格的优选。由于桑皮纤维刚性大、易脆断。分梳辊针齿规格的选用对成纱质量尤为关键，以保证桑皮纤维得到充分分梳除杂并减少对纤维损伤。假捻盘是成纱引出的第一个元件，可以增加转杯纱的动态捻度，直接影响纤维在加捻过程中的运动。两者直接影响纱线条干、毛羽和强力等性能指标。为优化设计，需对分梳辊规格和假捻盘规格进行优化组合，采用OK36型、OK37型和OS21型分梳辊，以及R4金属光滑假捻盘、R4陶瓷光滑假捻盘和R4盘香式陶瓷假捻盘等3个型号的假捻盘作为优选对象，采用多目标灰色局势决策进行优选，设计方案见表5-13。

表5-13　分梳辊及假捻盘优化设计方案

方案	1#	2#	3#	4#	5#	6#	7#	8#	9#
分梳辊	OK36	OK36	OK36	OK37	OK37	OK37	OS21	OS21	OS21
假捻盘	R4金属	R4陶瓷	R4盘香式	R4金属	R4陶瓷	R4盘香式	R4金属	R4陶瓷	R4盘香式

选取单纱断裂强力、单强CV值、条干CV值、毛羽指数H共4项性能考察指标来综合评定纱的质量，其中单纱断裂强力越大越好，单强CV值、条干CV值、毛羽指数H越小越好。考察性能指标权重分配见表5-14，纺纱条件为：纺杯ϕ38mm、分梳辊速度6000r/min、纺杯速度60000r/min和捻系数480。纱线质量考察指标测试结果见表5-15。

表5-14　考察指标权重分配

考察指标	单纱断裂强力（cN）	单强CV值（%）	条干CV值（%）	毛羽指数H
权重比例	0.3	0.1	0.3	0.3

表5-15　纱线质量考察指标测试结果

方案	断裂强力（cN）	单强CV值（%）	条干CV值（%）	毛羽指数H
1#	187	8.1	21.2	5.1
2#	183	8.9	19.5	5.3
3#	209	7.9	19.8	4.9
4#	218	7.6	18.8	4.9
5#	212	7.2	18.4	4.5
6#	234	8.2	18.1	4.3
7#	182	8.5	18.6	5.1
8#	179	8.3	19.4	5.5
9#	193	7.8	19.1	4.2

经计算，得出决策矩阵$R(1, 9)$＝［0.796，0.796，0.852，0.881，0.906，0.938，0.820，0.790，0.883］。由多目标灰色局势决策可知，数值越大方案越优。因此，6#方案为最优设计，选用OK37型分梳辊和R4盘香式陶瓷假捻盘。

②纺杯类型和直径的优选。纺杯直径越大，纤维在转杯中的并合效应越好，纱线均匀度越好，但凝聚槽内须条的离心力越大，毛羽、强力等性能变差；而纺杯直径越小，纺纱张力减小，阻捻盘的假捻效果降低，影响纱线的条干、强力和毛羽性能。同时，不同形状的凝聚槽也直接影响对纱线的条干、强力和毛羽等性能。为优化设计，需对纺杯类型和纺杯直径进行优选组合。采用T型、U型、V型三种类型

的纺杯和38mm、42mm、50mm三种直径规格作为优选对象，采用多目标灰色局势决策进行优选，设计方案见表5-16。

表5-16 分梳辊及假捻盘优化设计方案

方案	1#	2#	3#	4#	5#	6#	7#	8#	9#
纺杯类型	T型	T型	T型	U型	U型	U型	V型	V型	V型
纺杯直径	38mm	42mm	50mm	38mm	42mm	50mm	38mm	42mm	50mm

考察性能指标及指标权重分配见表5-14，纺纱条件为：OK37型分梳辊，分梳辊速度6000r/min，R4盘香式陶瓷假捻盘，纺杯速度60000r/min和设计捻系数480。纱线质量考察指标测试结果见表5-17。

表5-17 纱线质量考察指标测试结果

方案	断裂强力（cN）	单强CV值（%）	条干CV值（%）	毛羽指数H
1#	203	7.6	20.8	4.5
2#	199	8.2	18.9	3.9
3#	212	7.8	19.3	4.4
4#	228	7.1	18.7	4.2
5#	207	7.4	17.4	4.7
6#	241	8.7	18.5	4.4
7#	189	8.4	19.6	5.3
8#	198	7.7	20.7	4.9
9#	207	7.3	21.1	4.7

经计算，得出决策矩阵$R(1,9)=[0.857, 0.910, 0.891, 0.942, 0.903, 0.930, 0.807, 0.830, 0.851]$。

其中，4#方案数值最大，为最优设计，即选用直径为38mm的U型纺杯。

③分梳辊速度、纺杯转速以及纱线捻系数优化。考虑到分梳辊速度、纺杯转速以及纱线设计捻系数对精梳桑皮纤维混纺纱质量影响较大，因此将分梳辊速度、纺杯转速以及纱线捻系数作为主要因素，在合理范围内选择三个水平，进行三因素三水平正交试验。因素水平表见表5-18。

表5-18　因素水平表

水平	因素		
	分梳辊转速（r/min） A	纺杯转速（r/min） B	设计捻系数 C
1	5500	55000	460
2	6000	60000	480
3	6500	65000	500

根据所要研究的试验因素和水平数，进行正交试验方案的设计。正交试验设计及测试结果见表5-19。正交试验结果极差分析见表5-20。

表5-19　正交试验设计及测试结果分析

试验号	A	B	C	单纱断裂强力 （cN）	单强CV值 （%）	条干CV值 （%）	毛羽指数 H
1#	1	1	1	213	6.8	20.1	3.5
2#	1	2	2	207	7.6	17.4	3.9
3#	1	3	3	234	7.2	18.2	4.2
4#	2	1	2	219	7.5	19.7	4.8
5#	2	2	3	242	7.7	18.4	3.8
6#	2	3	1	246	6.8	19.5	4.4
7#	3	1	3	217	7.4	19.8	4.3
8#	3	2	1	202	6.9	19.7	2.9
9#	3	3	2	189	7.1	18.6	3.7

表5-20　正交试验结果极差分析表

水平	各因素各水平指标极差分析			影响指标的 主次顺序	较好工艺
	分梳辊转速 A	纺杯转速 B	设计捻系数 C		
单纱断裂强力	99△	20	78△	A>C>B	A2B3C1
单强CV值	0.6*	1.1*	1.8△	C>B>A	A3B3C1
条干CV值	2.4	4.1△	3.6*	B>C>A	A2B2C1
毛羽指数H	0.7	1.7*	3.2△	C>B>A	A3B2C1

注　△为显著影响，*为一般影响。

从表5-20可以看出，分梳辊转速对纱线单纱断裂强力影响显著，对单强CV值有一定的影响，纺杯速度对条干CV值影响显著，对单强CV值和毛羽指数H有一定影响。设计捻系数对单纱断裂强力、单强CV值和毛羽指数H影响显著。根据表5-20中确定的"较好工艺"确定最优工艺方案，A因素对1项指标有显著影响，其中A2占了1项，应选A2。B因素对1项指标影响显著，对两项指标有一定影响，其中B2占2项，应选B2，C因素对三项指标影响显著，其中C1占3项，应选C1，得出最优工艺为A2B2C1，即采用分梳辊速度6000r/min、纺杯速度60000r/min和设计捻系数480。

（4）结论。在精梳桑皮纤维/棉55/45 18.5tex转杯纺的生产实践中，利用多目标灰色局势决策对纺纱元件进行优选，同时利用正交试验得出最优生产工艺，经工艺优化后纱线质量明显提升，此类工艺优化方法可在转杯纺新产品开发过程中推广使用。

三、桑皮纤维/棉55/45 28tex喷气涡流针织纱的生产实践

随着人们生活水平的提高，对纺织品的要求越来越趋向于天然、环保、舒适、健康。桑皮纤维作为一种天然植物纤维，具有优异的吸湿透气性、保暖性、抑菌性、天然环保性，其光泽良好、手感柔软、易于染色，是一种高附加值的纯天然绿色纤维。

喷气涡流纺（MVS）纱线具有类似环锭纱的结构，但毛羽比环锭纱大大减少，具有优良的抗起毛起球性能，纱体蓬松，吸湿去湿速度快。利用喷气涡流纺开发桑皮纤维/棉混纺纱，可提高桑皮纤维的可纺性，缩短生产工艺流程，同时赋予纱线的独特结构特征，提高纱线品质。以下为桑皮纤维/棉 55/45 28tex喷气涡流纺生产工艺介绍。

1. 纺纱方案的确定

（1）混合方法以及混纺比的控制。由于桑皮纤维刚性大，纤维间抱合力差，易脆断，纤维长度差异大，在梳棉工序很难成网，因此选用散纤维混合的方法。桑皮纤维短绒率远高于棉纤维的短绒率，在纺纱过程中落花较多，为确定最终的混纺比为55/45，借鉴以往的试纺经验，确定的投料比为68/32。

（2）生产工艺流程及设备的选用。预处理的桑皮纤维和棉纤维→FA002D型抓包机→ZFA026型自动混棉机→FA106A型梳针开棉机→FA046A型振动棉箱给棉机→FA141型单打手成卷机→FA201B型梳棉机→FA306型并条机（两道）→No.861型喷气涡流纺纱机。

2. **原料性能与原料预处理**　脱胶后的桑皮纤维需进行给油给湿处理，以软化纤维，减小纤维刚性，提高桑皮纤维的抱合力，施加的油剂为FD-ZY06A给湿油剂、FD-ZY06B软化油剂和水，采用1∶0.5∶5的配比混和溶液，在储棉室利用喷雾加湿24h，给湿量控制在7%左右，一般将桑皮的回潮率控制在10%左右。

处理后的桑皮纤维经试验检测主要性能指标见表5-21。

表5-21　处理后桑皮纤维的性能

断裂强度 （cN/dtex）	断裂伸长率 （%）	初始模量 （cN/dtex）	线密度 （dtex）	长度 （mm）
6.5	4.1	178	2.4	27.1

3. **前纺的工艺设计与技术措施**

（1）开清棉工序。为减少对桑皮纤维的损伤，纺纱采用"少抓勤抓、均匀混和、多松少打、早落、低速"的工艺原则。ZFA026型自动混棉机打手速度按最低设计，梳针打手转速为480r/min，梳针打手与尘棒隔距进出口隔距分别为15mm、20mm，放大尘棒间距至6mm，FA141型单打手成卷机采用梳针打手，转速按920r/min设计；棉卷定量为400g/m。

（2）梳棉工序。由于桑皮纤维抱合力差，在梳棉工序成网差、转移差，梳棉采取"慢速度、大隔距、小张力"的工艺原则，提高梳理效果尽可能减少纤维受损伤。放大锡林盖板隔距、放大第一落杂区长度、采用慢刺辊速度、大速比、低张力，提高纤维的转移，减少纤维搓揉，提高成网性能。

锡林与盖板之间的隔距0.35mm、0.33mm、0.30mm、0.30mm、0.33mm设计，锡林速度按330r/min设计，刺辊速度按798r/min设计，生条定量控制在20.5g/5m，棉网张力控制在1.188。

（3）并条工序。并条工序中最大的难题是提高条子的强力，因此并条采用"中定量、慢速度、小隔距、重加压、适当的喇叭口工艺"的工艺原则。具体工艺设计见表5-22。

表5-22　并条工艺

混并道数	并合数	条子定量 （g/5m）	后牵伸倍数	罗拉隔距 （mm）	喇叭口直径 （mm）	出条速度 （m/min）
头并	8	19.7	1.51	2×12	2.8	112
二并	6	18.4	1.17	2×12	2.8	112

4. 喷气涡流纺的工艺设计及技术要点 由于桑皮纤维较短，抱合力较差，刚性较大，为防止罗拉牵伸过程中牵伸不匀，应适当减小中后区罗拉隔距，将中后区罗拉隔距调整为38mm×41mm，并适当降低纺纱速度。

在喷气涡流纺纱系统中，影响纱线性能的主要工艺参数有纺纱速度、喂入比、卷取比、喷嘴压力、喷嘴距离、纺锭直径、空气温湿度等。因此在纺纱过程中，对主要纺纱工艺参数进行了优化选择。喷气涡流纺主要工艺参数见表5-23。

表5-23　喷气涡流纺工序主要工艺参数

工艺项目	工艺参数	工艺项目	工艺参数
后牵伸倍数	3.0	卷曲比	0.99
主牵伸倍数	35	喷嘴压力（MPa）	0.60
总牵伸倍数	145	前罗拉到纺锭顶端的距离（mm）	18
纺纱速度（m/min）	250	纺锭直径（mm）	1.2
喂入比	0.98	集棉器规格（mm）	4

5. 成纱质量检测 成纱性能检测主要对纱线的单纱断裂强力、单强CV值、条干CV值、毛羽指数H等性能进行测试，用来考察纱线性能。

采用以前所纺制的转杯纺桑皮纤维/棉 55/45 28tex针织纱作为比较纱线，对两种纱线的性能进行比较，对比性能指标见表5-24。

表5-24　桑皮纤维/棉55/45 28tex 纱线性能指标

性能指标	喷气涡流纺纱	转杯纺纱线
断裂强度（cN/tex）	13.9	11.7
断裂伸长率（%）	5.1	4.56
单强CV值（%）	7.6	7.9
Uster条干CV值（%）	16.9	18.11
毛羽指数H	2.6	2.8

根据表5-24中数据可以看出，喷气涡流纺纱线在断裂强度、断裂伸长率、单强CV值、条干CV值、毛羽等方面明显优于转杯纺纱线，且在纺纱过程中断头现象明显少于转杯纺，易生头，因此喷气涡流纺更适合加工桑皮纤维混纺纱。

利用喷气涡流纺加工桑皮纤维/棉混纺纱，在纺纱过程中应注意以下两点。

（1）做好桑皮纤维的预处理，控制好各工序的温湿度，对生产及纱线质量至关重要。

（2）喷气涡流纺的工艺需进一步优化，尤其是对生产速度、喷嘴压力等工艺的优化关系到成纱的质量。

6. 喷气涡流纱的工艺优化　为进一步提高桑皮纤维/棉 55/45 28tex喷气涡流纱的质量，采用灰色局势决策方法对喷气涡流纺纺纱关键元件进行优选，同时利用正交试验设计对生产工艺参数进行优化设计，并得出最优生产工艺。

（1）喷嘴与纺锭的优选。喷气涡流纺的纺纱机构包括针座、N1喷嘴、N2喷嘴、锭子、输出装置、喷嘴簇射装置、输出横动装置，其中喷嘴、纺锭的选用对纱线质量尤为重要。

纺锭是加捻成纱的关键器材。纺锭的选用直接影响纱线的强力、毛羽等性能。N1喷嘴是喷气涡流纺的重要元件，其规格形式的选用直接影响纱线的强力、毛羽以及条干均匀度，对成纱质量影响较大，因此，做好纺锭和喷嘴的优选是工艺设计与工艺优化的前提。

采用内径规格为1.2mm、1.3mm和1.4mm等3种纺锭以及4孔、5孔和6孔的喷嘴作为优选对象，运用多目标灰色局势决策进行优选，设计方案见表5-25。

表5-25　纺锭及喷嘴优选设计方案

方案	1#	2#	3#	4#	5#	6#	7#	8#	9#
纺锭内径	1.2mm	1.2mm	1.2mm	1.3mm	1.3mm	1.3mm	1.4mm	1.4mm	1.4mm
喷嘴规格	4孔	5孔	6孔	4孔	5孔	6孔	4孔	5孔	6孔

在优选中选取毛羽指数H、断裂强度、单强CV值、条干CV值等四项性能指标作为考察指标来综合评定纱的质量，断裂强度越大越好，而毛羽指数H、单强CV值、条干CV值越小越好，考察性能指标权重分配见表5-26，选用200m/min的纺纱速度、0.6MPa的喷嘴压力、15mm的前罗拉到纺锭顶端的距离进行纺纱，纱线质量考察指标测试结果见表5-27。

表5-26　考察指标权重分配

考察指标	毛羽指数H	断裂强度（cN/tex）	单强CV值（%）	条干CV值（%）
重比例	0.3	0.3	0.1	0.3

表5-27 纱线质量考察指标测试结果

方案	毛羽指数H	断裂强度（cN/tex）	单强CV值（%）	条干CV值（%）
1#	2.7	12.9	7.3	16.8
2#	2.4	13.8	6.9	16.1
3#	2.5	15.0	7.8	15.8
4#	2.4	15.3	7.1	16.5
5#	2.1	14.2	6.4	17.3
6#	2.8	13.6	7.6	16.2
7#	3.0	14.8	7.0	15.9
8#	2.8	15.4	6.3	18.0
9#	2.2	14.3	8.1	16.3

经计算可得决策矩阵R（1，9）＝ [0.853， 0.917， 0.925，0.937，0.949，0.865，0.886， 0.888， 0.934]，数值越大表示方案越优，最优方案为4#方案，即选用1.3mm的纺锭和5孔的喷嘴。

（2）正交试验优化纺纱工艺。

①正交试验设计。喷气涡流纺的成纱性能受到较多参数的影响，其中喷嘴压力、纺纱速度以及前罗拉到纺锭顶端的距离直接决定了纤维在纺锭内包缠效果，影响纱线质量。因此重点对纺纱速度、喷嘴压力和前罗拉到纺锭顶端的距离通过正交试验进行优化，进行三因子三水平正交试验，因素水平表见表5-28。

表5-28 因素水平表

水平	因素		
	引纱速度（m/min）A	喷嘴压力（MPa）B	前罗拉到纺锭顶端的距离（mm）C
1	250	0.5	18
2	300	0.55	19
3	350	0.6	20

②试验结果与分析。选取毛羽指数H、单纱断裂强度、单强CV值，条干CV值为试验指标，以全面考察工艺参数对纱线主要性能的影响。本着断裂强力越大越好，毛羽指数H值、单强CV值，条干CV值越小越好的原则，对指标进行分析。试验方案及结果见表5-29。正交试验结果极差分析见表5-30。

表5-29　正交试验设计及测试结果分析

试验号	A	B	C	毛羽指数H	单纱断裂强度（cN/tex）	单强CV值（%）	条干CV值（%）
1#	1	1	1	3.0	13.4	8.0	16.3
2#	1	2	2	2.6	14.8	7.0	16.8
3#	1	3	3	2.2	15.1	6.8	17.1
4#	2	1	2	2.8	13.1	7.1	15.6
5#	2	2	3	3.1	14.9	6.7	15.1
6#	2	3	1	2.0	15.8	8.5	15.9
7#	3	1	3	3.0	13.7	6.6	17.2
8#	3	2	1	2.6	13.9	7.9	18.0
9#	3	3	2	2.4	14.7	7.2	16.9

表5-30　正交试验结果极差分析表

水平	各因素各水平指标极差分析			影指标的主次顺序	较好工艺
	A	B	C		
毛羽指数H	0.2	2.2*	0.7	B＞C＞A	A2B3C1
单纱断裂强度	0.8	5.4*	1.2	B＞C＞A	A2B3C1
单强CV值（%）	0.6	0.3	4.3*	C＞A＞B	A3B2C1
条干CV值（%）	5.5*	0.8	0.9	A＞C＞B	A2B2C3

注　*为影响显著。

从表5-30可以看出，纺纱速度对条干均匀度影响明显，喷嘴压力对纱线单纱断裂强力、毛羽指数H影响显著，前罗拉到纺锭顶端的距离对单强CV值影响显著。根据计算表确定的较好的工艺条件确定较优工艺方案。A因素对1项指标有显著影响，其中A2占了1项，应选A2。B因素对2项指标影响显著，其中B3占2项。C因素对1项指标有显著影响，C1占了1项，应选C1，得出最优工艺为A2B3C1，即采用300m/min的纺纱速度、0.6MPa的喷嘴压力以及18mm的前罗拉到纺锭顶端的距离。

在喷气涡流纺纱过程中，纱线质量受多种因素影响，要根据加工原料以及机型不同适当调整工艺，可通过多目标灰色局势决策方法对喷气涡流纺的生产元件进行优选，纺纱关键工艺参数可通过正交试验设计方法进行优化，以保证成纱质量和生产的顺利进行。

第六章 桑皮纤维机织面料的开发

第一节 桑皮纤维机织产品设计

桑皮纤维、纱线具有一定的断裂强度和断裂伸长，较优良的吸湿性、柔软度，但是其弹性回复性较差。根据前期研究的含桑皮纤维织物性能可知，可以通过设计含桑皮纤维纱线的捻度和选择合理的织物紧度来改善含桑皮纤维织物抗折皱回复性能，并设计新型桑皮纤维产品。

桑皮纤维基机织面料产品设计主要考虑包括原料、组织结构、经纬密度、织造、染整工艺等要素。桑皮纤维基机织面料产品设计实例如下。

一、原料的选择

原料是决定产品质量的基础，不同的原料会产生迥然不同的风格特征。结合市场以及试样条件，选择市场流行的有光三角异形丝，并参照T/C交织布设计，以55dtex的有光三角异形丝作经线，以捻度为840捻/m的桑皮纤维/棉混纺纱线为纬线。为了便于分析比较，同时还选取了原始的708捻/m的桑皮纤维/棉混纺纱线以及纯棉纱线为纬线，试织三块桑皮纤维机织面料。

二、组织结构的选择

织物组织的选择直接关系到织物外观性能及风格特征。一般为了改善织物的抗折皱性能，组织应选择浮长长的组织。一般斜纹组织织物的折皱回复性好于平纹组织织物，同时为了充分体现出纬线原料的性能特征，选用四枚缎组织为例。

三、经纬密度的选择

织物经纬密度的选择与织物的透气性、悬垂性等密切相关，根据经验及生产实际清况，经密选取820根/10cm，纬密选用260根/10cm，织物规格表见表6-1。

表6-1 桑皮纤维基机织面料试样规格表

试样名称	纬纱原料	捻度（捻/m）	纬纱细度（tex）	纬纱（根/10cm）
1#	桑皮纤维/棉	840	59	260
2#	桑皮纤维/棉	708	59	260
3#	棉	460	59	260

注 经纱为55dtex的有光三角异形丝。

四、织造工艺

生产试样时采用图6-1所示的工艺流程：

经纱 → 络筒 → 整经 → 浆纱 → 穿综
纬纱 ———————————————— → 织造 → 整理 → 检验 → 成品

图6-1 桑皮纤维基织物机织工艺流程

根据试样条件，选择在丰田710型喷气织机上织造，机速为650r/min。选用八片综框，顺穿法穿综；筘号采用19.68齿/cm，4入，上机门幅156cm。

五、染整工艺

桑皮纤维是纤维素纤维，可以参照棉、麻等纤维素纤维的染色方法对其染色，区别在于桑皮纤维取自于桑树皮。在桑皮纤维制取过程中，由于果胶等杂质的存在，故需要经过脱胶这一流程。由于桑皮纤维较短，故不能单独纺纱。桑皮纤维生产中采用半脱胶的方法，因而脱胶后，仍存在有一定的残留果胶。且桑皮纤维的结构比较紧密，因此用分子质量较大的直接染料对桑皮纤维上染中、黑色比较困难。采用活性染料尤其是分子质量较小的活性染料在桑皮织物上的染色上染情况要好于直接染料。因此，在对桑皮织物染色时，首先必须对其进行很好的前处理，尽量脱除果胶等杂质，使桑皮纤维充分膨化，基本符合一般染料正常染色的要求。

六、产品主要性能测试

为进一步了解所开发织物的性能特点，对上述三种桑皮纤维基面料的透气性、折皱回复性、悬垂性等性能进行了测试，测试结果见表6-2。

表6-2　桑皮纤维机织面料产品性能测试结果表

纬纱原料	透气量 [L/（m²·s）]	急弹性回复角 （°）	急弹性回复角 （°）	静态悬垂系数 （%）	动态悬垂系数 （%）	硬挺度系数 （%）
桑/棉	620.5	92	119.7	69.58	71.60	75.72
桑/棉	521.8	86.7	100.2	72.17	74.15	77.91
棉	349.3	88.8	107.7	79.06	80.39	83.63

注　经纱为55dtex的有光三角异形丝。

以上测试数据表明，捻度经过优化设计后的1#织物性能较低捻度的2#织物性能得以提高，透气性提高19%左右，悬垂性能也得以提高，较3#纬向棉织物悬垂性及柔软性提高不少。通过优化设计后的桑皮纤维基织物不仅具备优良的透气、悬垂性能，抗皱性得到较大的提高，其光泽良好、手感柔软、易于染色，具有广阔的市场前景。

通过含桑皮纤维织物与纯棉织物的比较分析得出，桑皮纤维基织物悬垂性、柔软度、透气性均好于纯棉织物。桑皮纤维织物作为一种全新的绿色环保型产品，具有较棉织物更为优良的性能特点，桑皮纤维的开发和利用必将为纺织领域提供一种新型纺织原料，深受广大消费者的喜爱。

第二节　桑皮纤维普通穿着面料

目前，由于桑皮纤维具有较好的断裂强度和断裂伸长率，因此适合织造时的上机张力的要求。对于桑皮纤维的机织产品开发及应用主要有桑棉混纺面料、桑麻混纺面料、桑纤维与桑蚕丝交织面料及桑麻纱与涤长丝交织面料。

一、桑皮纤维/棉混纺面料

因为桑纤维强度好于棉纤维，目前研制成功的桑皮纤维/棉55/45混纺产品，其强力得到了提高，纱线性能得到了改善。该纱线更适应于高速织机的生产。桑皮纤维/棉混纺纱比纯棉纱耐磨性高，抗皱性也有所增强，并且有丝般光泽。

二、桑皮纤维/麻混纺面料

大麻纤维与多数麻类纤维一样具有吸湿性好的特点。大麻纺织品无需任何处理，水洗后即具有抑菌效果，且大麻纺织品手感滑爽、柔软。为了克服大麻纤维纺织品外观及染色过程中的一些缺点，将桑皮纤维与大麻纤维进行混纺。混纺后，使桑皮纤维、麻纤维发挥各自优势，并使混纺纱具有强力高、光泽好、较易染色、耐磨性强等特点。

三、桑皮纤维与桑蚕丝交织面料

纯真丝绸产品是一种高档的纺织面料，但也有易皱、易褪色、不耐洗、价格较贵等缺点。用价格相对低廉的桑皮纤维纱与蚕丝交织，使织物达到既具有真丝产品透气、吸湿、保健的功效，又能克服纯真丝绸所具有的缺点，从而开发新型真丝绸交织产品。

四、桑皮纤维/麻纱与涤长丝交织面料

用桑皮纤维/麻纱与涤长丝交织，形成新型的纺织面料。该面料具有耐磨透气、吸湿、抑菌保健、抗静电、较易染色等特点，且外观挺括、悬垂好、回弹性比麻类织物好，坚固耐用，风格粗犷。预计该面料将广泛应用于成衣、装饰品、产业用布等产品。

第七章　桑皮纤维家纺面料设计与开发

第一节　整体设计构思

一、产品定位

由于桑皮纤维具有优良的吸湿性、透气性、保暖性和一定的抗菌抑菌保健功效，因此桑皮纤维家纺产品的设计开发应注重其抗菌抑菌功能性。桑皮纤维家纺面料属于高档保健型产品，在国内处于尚未推广普及应用的阶段，其消费人群定位主要面向注重身体保健、崇尚生活品质的高端消费者。

二、产品用途

目前，家用纺织品按装饰对象和用途可以分为以下几类。

1. **以装饰建筑物、构筑物地面为主要对象的装饰用纺织品**　如用棉、毛、丝、麻、椰棕及化学纤维等原料加工的软质铺地材料，主要有地毯、人幢草坪两类。

2. **以装饰建筑物墙面为主要对象的装饰用纺织品**　如用作墙面包覆材料的丝绸制品、像景，用经编针织机织造的墙面装饰针织布，用类似编织地毯的方法加工织制的墙面装饰织物、壁毯、各种墙布、墙毡等。

3. **以装饰室内门、窗和空间为主要对象的装饰用纺织品**　如各种织法不同材料不同的窗纱、窗帘、门帘、隔离幕帘、帐幔等。

4. **以装饰各种家具为主要对象的装饰用纺织品**　如沙发及椅子布艺面料、椅套、台布、餐布、灯饰、靠垫、座垫等。

5. **以装饰卧床为主要对象的装饰用纺织品**　俗称床上用品，包括床单、被褥、被面、枕头及床罩、被套、包套和各种毯子、枕巾等。

6. **以装饰餐饮、盥洗环境、满足盥洗卫生需要的装饰用纺织品**　如各种毛巾、浴巾、浴帘、围裙、餐巾、手帕、抹布、拖布、坐便器圈套、地巾、垫毯等用于餐饮、炊事、卫生间的装饰纺织品等。

为充分发挥桑皮纤维抗菌抑菌保健功效，桑皮纤维较适用于开发床上用品、家具用装饰纺织品和盥洗卫生用装饰纺织品，以机织产品为主，针织产品为辅。面料规格与普通家纺面料产品类似，主要根据品种风格而定，在花色品种设计时可根据具体情况采用不同的桑皮纤维色纱配合，结合织物组织的变化，得到丰富的织物外观。

三、设计思路

设计一桑皮纤维家纺床品六件套，包括床单一条、被套一条、枕套两个、靠垫套两个，考虑其高端的产品定位，产品套件规格设计适用于150cm、180cm宽的床。

四、面料配套设计

桑皮纤维家纺床品采用桑皮纤维/棉混纺机织面料。为了表现产品的优雅和富贵感，提高产品的附加值，采用提花组织在提花织机上织造，花形可采用玫红色的花朵为主题以满足床品生产要求。六件套面料可设计A、B、C三种不同花样织物，织物A为白经色纬的大提花织物；织物B为渐变效果的横条纹色织物；织物C为渐变条纹大提花织物，花纹呈现织物A和织物B的综合叠加的效果，使三种面料在一套产品中的搭配应用显得具有系列配套感。

为了便于配套生产，A、B、C三种面料织物规格统一，经纱相同，花型循环相同或成倍数，这样只需改变纹板文件和纬纱就可以在同一织机上生产不同的三种面料，形成配套生产。

在A、B、C三种面料的搭配应用上，采用"一款两用"的"A/B"版设计，被套、枕套、靠垫套两面分别采用不同的面料，使用时可获得多样的变化搭配效果。

五、产品风格

为了与产品功能相协调，整套产品织物采用玫红色为主色调，给人以清新、淡雅、温馨、柔和之感。A、B、C三种织物，提花花纹在渐变的色织条纹的配合下，再加上艳丽的花朵，体现出大自然华贵美，令人神清气爽、心旷神怡。

六、织物规格设计

织物规格参数根据产品用途、消费人群定位、风格特点、生产设备条件、产品成本等确定，本设计桑皮纤维面料产品属高档床品，选用细特高密阔幅织物规格。

1. **织物门幅设计** 本产品为床品六件套，适用150cm、180cm规格的床。结合考虑成品裁剪排板情况和织机条件，设计织物成布门幅261.84cm用料比较经济，在SOMET-340型剑杆织机（配置Gross型电子提花装置）上织造。

2. **经纬纱设计** 本产品采用桑皮纤维/精梳长绒棉混纺纱作为经纬纱，一方面能增加桑皮纤维的可纺性，有利于实现高效率织造，使细密高档功能性桑皮纤维床品的规模生产成为可能；同时又可有效控制产品成本，从而有利于产品的市场推广。

经纬纱均采用14.5tex（40英支）50/50桑皮纤维/精梳长绒棉混纺纱，可以保证高品质细密织物的经纱强力要求和织造效率。

经纱：白色。

纬纱：白色、白色、浅粉色、浅粉色、浅紫色、浅紫色、玫红色、玫红色。

3. **织物经纬密度和紧度设计** 本织物为细特高密的高档织物，经纬纱线密度以14.5tex×14.5tex（40英支×40英支）计，织物经纬密度为570.9根/10cm×354根/10cm（145根/英寸×90根/英寸）

计算织物紧度：

$$E_j = P_j \times d_j = 0.03568 \sqrt{\frac{T_j}{\delta}} \times P_j = 0.03568 \times \sqrt{\frac{14.5}{0.9}} \times 571 = 80.45\%$$

$$E_w = P_w \times d_w = 0.03568 \times \sqrt{\frac{T_w}{\delta}} \times P_w = 0.03568 \times \sqrt{\frac{14.5}{0.9}} \times 354 = 49.88\%$$

$$E_总 = E_j + E_w - \frac{E_j \times E_w}{100} = 80.45 + 49.88 - \frac{80.45 \times 49.88}{100} = 90.2\%$$

14.5tex（40英支）50/50桑皮纤维/精梳长绒棉的体积质量$\delta = 0.80 \sim 0.90$（g/cm³）。

4. **色彩与图案设计**

（1）色彩设计。在整套产品的织物色彩设计上，充分考虑与产品风格与功能定位相协调，并结合应用流行色彩。产品中的配套织物均采用玫红色为主色调，显得温馨、柔和、淡雅，以呼应桑皮纤维家纺面料功能保健产品清新的风格特点。

（2）图案设计。在图案的设计上，织物A主体纹样采用花朵题材，表现出高雅清晰环保；织物B为色织条纹，体现了朦胧的色彩，并且通过渐变的色纱排列方式，使条纹变得具有柔和的动感；织物C采用渐变的色织条纹与提花花纹相配合，结合花地组织的变化，使花纹图案效果变得独特而富有变幻。

（3）纹样尺寸设计。为了适合配套生产，设计织物A、B、C的纹样尺寸相同。纹样宽度由提花机装造针数和织物经密决定，纹样长度按花样长宽比确定。织物A主题纹样如图7-1所示，长宽比≈1.58。

SOMET-340型剑杆织机为5312针装造（实用纹针5280），织物经纬密度为570.9根/10cm×354根/10cm（145根/英寸×90根/英寸），则：

$$纹样宽度=纹针数/织物经密=5280/57.09=92.49（cm）$$

$$纹样长度=宽度×长宽比=92.49×1.58=146（cm）$$

图7-1　织物A主体纹样

七、组织结构设计

1. 经纬向纱线颜色的配合

（1）经纱。织物A、B、C采用同样的经纱，均为白色。

（2）纬纱。织物A的纬纱为单一的玫红色，织物B、织物C的纬纱及其排列相同，纬纱排列顺序如下：

　　　　白色，白色，浅粉色，浅粉色，浅紫色，浅紫色，玫红色，玫红色

2. 织物A的组织设计
织物A地部采用图7-2（a）所示组织，8/5经面缎纹；花部玫红色显色效果从深到浅的层次变化依次通过图7-2（b）~（d）所示组织来实现；叶子部分采用图7-2（d）~（f）所示组织。组织循环中纬组织点比例越高，玫红色纬纱显色比例越高，即组织显玫红色越深；反之，组织循环中经组织点比例越高，白色经纱显色比例越高，即组织显玫红色越浅。织物A布样（局部）如图7-3所示。

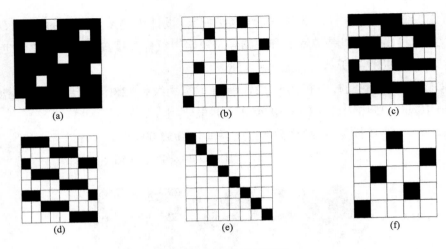

(a)　　　　　　　(b)　　　　　　　(c)

(d)　　　　　　　(e)　　　　　　　(f)

图7-2　织物组织配置

图7-3　织物A布样（局部）

3. **织物B的组织设计**　织物B正面为8/3纬面缎纹组织的横条纹色织物，织物B布样（局部）见图7-4。

4. **织物C的组织设计**　织物C与织物A的纹样及其各色对应组织均相同，只是纬纱不同。织物A为玫红色一色纬纱；织物C纬向由白色、白色、浅粉色、浅粉色、浅紫色、浅紫色、玫红色、玫红色一定规律排列成渐变色条纹，配合花地组织变化，使织物表面显示出色织条纹与大提花的双重效果，渐变的色纱排列更使提花效果凸现出变换丰富的独特外观。织物C布样（局部）如图7-5所示。

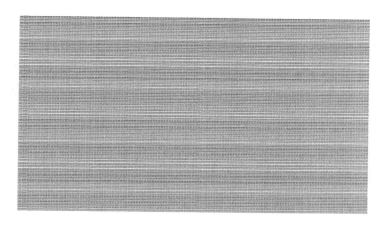

图7-4　织物B布样（局部）

图7-5　织物C布样（局部）

八、装造与上机工艺设计

织造设备采用SOMET-340型剑杆织机配Gross5312针电子龙头，普通装造。织物装造工艺与上机工艺参数计算如下。

（1）一花经纱根数=经密×一花宽度=实用纹针数=57.09×92.49= 5280（根）。

（2）一花纬纱根数=纬密×一花长度=纹板数=35.4×146=5168（根）。

均修正为花、地组织循环数的最小公倍数的倍数。

（3）每筘穿入数：布身、布边均部为4根。

（4）计算坯布幅宽，设后整理幅缩率为6.4%。

坯布幅宽=成布幅宽/染整幅缩率=261.8/（1-6.4%）=279.74（cm）。

总经根数=经密×幅宽=57.09根/cm×279.74cm=15970.35（根）。根据每花经纱循环数，修正为15968根。

（5）边经根数：每边64根。

（6）内经根数=总经根数-边经根数=15968-64×2=15840（根）。

（7）全幅花数=内经根数/一花经纱根数=15840/5280=3（花）。

（8）计算筘号，设纬纱织缩率为4%。

$$英制筘号=2×织物经密×（1-纬纱织缩率）/每筘穿入数$$

$$=2×145×（1-4\%）/4$$

$$≈70（齿/2英寸）$$

（9）计算筘幅。

$$筘幅=总经根数/（每筘穿入数×英制筘号/2）$$

$$=15968/（4×70/2）$$

$$≈114.06（英寸）≈289.7（cm）$$

（10）织物纬密90根/英寸，机上纬密87根/英寸。

（11）通丝把设计。

布身：通丝把数=纹针数=5280把，每把通丝根数=全幅花数=3根。

布边：通丝把数=边针数=64×2=128（把），一吊三。

（12）目板设计。

目板穿幅≈筘幅，取289.7cm。

穿目板列数取机上的纹针列数，16列。

$$一花穿目板行数=纹针数/穿目板列数=5312/16=332（行）$$

$$目板行密=一花穿目板行数/一花目板穿幅=332/（289.7/3）$$

$$≈3.44（行/cm）=34.4行/10cm$$

（13）通丝目板穿法：横向一顺穿。

（14）设计Gross5312针电子龙头正身纹针5312针样卡，如图7-6所示。

（15）填写上机工艺单

织物A上机工艺单见表7-1；织物B、织物C上机工艺单见表7-2。

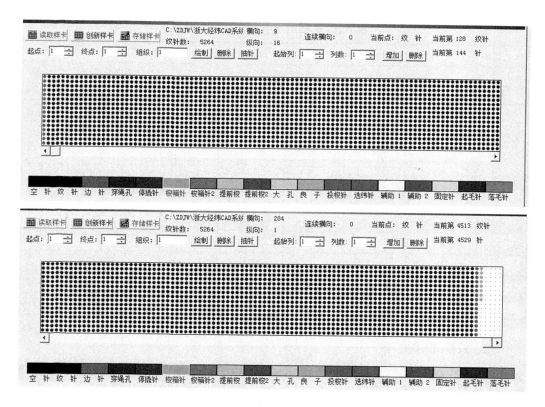

图7-6　Gross电子龙头5312针样卡

表7-1　织物A上机工艺单

花型编号：	织物A		
织物规格：	14.5tex（40英支）50/50桑皮纤维/棉×14.5tex（40英支）50/50桑皮纤维/棉，570.9根/10cm×354根/10cm（145根/英寸×90根/英寸），270.4cm（106.45英寸）		
纹针数	5280	总经根数	15968
纹板数	5168	边纱数	60×2
花幅 宽度	92.49cm	筘入数 边	4
花幅 长度	146cm	筘入数 地	4
筘幅	270.4cm	筘号	147.8齿/10cm（75齿/2英寸）
经纱序号	线密度	色号	纬纱序号	线密度	色号
1	14.5tex	纯白	1	14.5tex	玫红色

表7-2 织物B、织物C上机工艺单

花型编号:	织物B、织物C				
织物规格:	14.5tex（40英支）50/50桑皮纤维/棉×14.5tex（40英支）50/50桑皮纤维/棉，570.9根/10cm×354根/10cm（145根/英寸×90根/英寸），270.4cm（106.45英寸）				
纹针数	5280		总经根数		15968
纹板数	5168		边纱数		60×2
花幅	宽度	92.49cm	筘入数	边	4
	长度	146cm		地	4
筘幅	270.4cm		筘号		147.8齿/10cm（75齿/2英寸）
经纱序号	线密度	色号	纬纱序号	线密度	色号
1	14.5tex	纯白	1，2	14.5tex	白色
			3，4	14.5tex	浅粉色
			5，6	14.5tex	浅紫色
			7，8	14.5tex	玫红色

九、纹织CAD处理

运用纹织CAD软件，经图象处理与意匠编辑处理，生成意匠与纹板文件，输出后输入织机，即可织制花型。以织物A为例，纹织CAD具体处理步骤如下。

1. 扫描花稿

2. 拉正、拼接、分色、剪切回头

（1）拉正。观察水平方向循环单元，找水平方向两个对应点，执行菜单命令"编辑处理/图像变换/垂直斜拉"，拉正。

观察垂直方向循环单元，找垂直方向两个对应点，执行菜单命令"编辑处理/图像变换/水平斜拉"，拉正。

（2）拼接。

（3）剪切纹样循环单元，接回头。

①将水平方向一个循环单元以外的部分剪切掉；执行菜单命令"工艺处理/回头处理/左右预接"，观察拼接处花纹连接是否好。

②将垂直方向一个循环单元以外的部分剪切掉；执行菜单命令"工艺处理/回头处理/上下预接"，观察拼接处花纹连接是否好。

③如果经过左右或上下预接，拼接处花纹连接不够好，出现错位、花纹有多余或缺损，则应回到剪切前重新拉正、剪切回头。

（4）分色。执行菜单命令"工艺处理/分色处理/自动分色"，"输入颜色数220"，"确定"。保存图像文件为F0#bmp。

3. **描画纹样**　纹样中一个色号对应一个不同的组织，保存图像文件为Fl.bmp。

4. **检查调整花样经纬方向**　纵向对应经纱方向，横向对应纬纱方向。

5. **调整意匠图像大小**

水平像素=纵格数=纹针数=5280

垂直像素=横格数=纹板数=5168

保存图像文件为F2.bmp。

6. **建组织库，保存组织库文件**　在"组织输入"工具条内，按照表7-3中的色号与输入组织对应关系依次输入0~7号组织，包括正身花纹组织辅助针组织，保存组织库文件为F2.zzk。

表7-3　纹针CAD界面中色号与输入组织对应关系

纹针中位置	对应色号	组织编号	组织图
地部	0	a	3-（a）
花部	1	b	3-（b）
	2	c	3-（c）
	3	d	3-（d）
叶子	4	e	3-（e）
	5	f	3-（f）
辅助针	边组织	2	平纹
	投梭针	4	2/2经重平

7. **建样卡**　新建电子提花机上5312针样卡，执行菜单命令"输出处理/添换样卡/新建样卡/"，336列，16行，分别按设计针数和位置填入正身纹针和辅助针，保存样卡文件为F5312.yyk。

8. **生成并保存纹板文件，查看意匠图效果（图7-7）**　以编辑好的意匠图像为当前图像，提取组织库文件和样卡文件，按表7-3建立色号与组织对应关系，然后执行菜单命令："输出处理/纹板输出/组织纹板输出"，即可生成纹板文件，保存纹板文件F2.wbf。

9. **保存色号与组织的对应关系表**　执行菜单命令"输出处理/色号组织对应表/

图7-7　意匠效果图

保存对应表"，保存色号与组织对应表文件为F2.rel。

　　10. **输出电子纹板**　通过Gross电子提花机数据转换接口，可输出直接供Gross电子提花机织制的电子纹板数据。

第二节　桑皮纤维大提花床品面料的开发

一、桑皮纤维大提花床品面料的生产要点

1. **面料生产工艺流程**　桑皮纤维大提花床品面料的主要生产工艺流程为：

经纱：本白经纱→络筒→整经→浆纱→穿综→织造→后整理

纬纱：纤维原料选配→纺纱→纱线染色

2. **织造工艺要点**　经纱采用14.5tex（40英支）细特纱，采用意大利SOMET剑杆织机，以及德国格罗斯电子提花机织造。织机速度、经纱上机张力、织机的后梁与停经架位置以及综平时间等是织造的重要工艺参数。在参数的选择上，使纱线尽量少受摩擦，减少伸长变形以及满足打紧纬纱与开口清晰等因素外，还必须顾及织物外观与内在质量的要求，宜选择较低的车速、稍大的上机张力、稍高的后梁相对位置、较早的综平时间。车间温湿度控制在25～30℃，相对湿度在68%～73%，这样纱浆膜不会发粘或发脆。上机张力适当以开口清晰为准，同时适当控制停车织口

的微调量。可调整储纬器张力装置以降低断纬。

3. **织物后整理工艺要点** 后整理工艺流程：退浆→煮练→烘干→预定形→烧毛→柔软定形→轧光→成检。本产品系精梳细特高档提花面料，除一般染整工艺外，要对面料的正反两面进行烧毛，减少布面的短绒，提高布面精细程度；同时还要增加轧光处理，以提高布面的平整度、光滑度和光泽感。练漂时应采用无张力机械，如绳状松式浸染机。

二、桑皮纤维大提花床品面料的性能测试与分析

1. 织物物理性能指标测试与分析

（1）织物物理性能指标测试。对桑皮纤维大提花床品面料织物进行常规物理性能检测，主要技术指标测试值见表7-4。

表7-4 桑皮纤维大提花床品面料物理性能指标测试值

项目	重量（g/m²）	厚度（mm）	起球性能	断裂强力（N/5cm）		断裂伸长（mm）		断裂伸长率（%）	
				经向	纬向	经向	纬向	经向	纬向
结果	126.9	0.378	4级	508.4	330.3	11.3	22.5	5.7	11.3

（2）织物物理性能指标对比分析。根据GB/T 3923.1—2013进行织物拉伸性能测试，对照GB/T 22796—2009《被、被套》、GB/T 22797—2009《床单》、GB/T 22844—2009《配套床上用品》等行业标准中的相关质量指标，织物断裂强力（≥250N）、断裂伸长、断裂伸长率、起球性能均达到或超过标准值。

2. 织物功能性指标检测与分析

对桑皮纤维、纱线和大提花面料进行大肠杆菌和金黄色葡萄球菌抗菌性能测试，结果见表7-5。对桑皮/棉混纺大提花面料和苎麻/棉混纺大提花面料进行抗菌实验，结果如图7-8所示，由图7-8（a）可见，空白样的培养皿表面附有一层细密的细菌，表明空白样不具有抗菌性；与空白样相比，苎麻/棉混纺大提花面料培养皿表面的细菌有一定程度的减少，表明其具有一定的抗菌性；而由图7-8（c）可见，与空白样及苎麻/棉混纺纱相比，桑皮纤维/棉混纺提花面料的培养皿表面细菌数量大大减小，表明桑皮纤维/棉混纺提花面料的抗菌性能要优于苎麻/棉混纺提花面料，具有良好的抗菌和抑菌性能。结果表明，桑皮纤维/棉混纺大提花面料的抗菌性能优于苎麻/棉混纺大提花面料，具有良好的抗菌和抑菌性能。

表7-5　桑皮纤维、纱线、提花面料的抗菌性能

测试项目	大肠杆菌抑菌率（%）	金黄色葡萄球菌抑菌率（%）
桑皮纤维	85.7 ± 5.2	80.4 ± 2.1
桑皮纤维/棉混纺纱［14.5tex（40英支）50/50］	56.3 ± 3.3	51.7 ± 5.1
桑皮纤维/混纺提花面料（50/40）	63.3 ± 4.8	56.9 ± 3.2

　　　(a) 空白　　　　　　　(b) 苎麻/棉提花面料50/50　　　(c) 桑皮纤维/棉提花面料50/50

图7-8　桑皮纤维/棉提花面料的抗菌试验

三、床品套件规格款式与面料裁剪排版设计

1. **床品六件套规格尺寸**　该床品套件设计为六件套，适用于150cm、180cm的床，由床单（1件）、被套（1件）、枕套（2件）、靠垫（2件）构成，成品尺寸规格及各部分所用面料见表7-6。

表7-6　床品套件成品尺寸规格及各部分所用面料

成品组件		成品尺寸（cm）	面料
床单×1件		250 × 250	A
被套×1件	被面	200 × 230	C
	被面	200 × 230	B
枕套×2件	A面	74 × 48	C
	B面	74 × 48	B
靠垫×2件	A面	55 × 55	C
	B面	55 × 55	B

2. 面料裁剪排版设计

（1）床单面料的裁剪排版设计（图7-9）。

（2）被套、枕套、靠垫套面料的裁剪排版设计（图7-10）。

（3）款式设计要点。

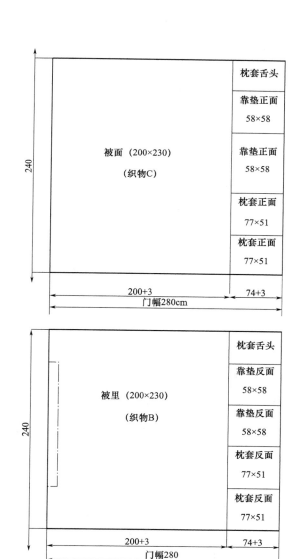

图7-10　被套、枕套、靠垫套面料套排图（单位：cm）

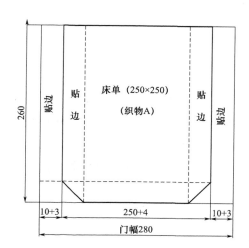

图7-9　床单面料套排图（单位：cm）

①床单。床单采用织物A，三边床沿10cm贴边成双层，床脚端采用45°斜角，使端角部下垂时自然形成圆形垂褶。床单成品尺寸为250cm×250cm。

②被套。被套采用"A/B版"，一面采用织物B，另一面采用织物C，两面均可作正面，因此拉链开在侧面，采用隐形拉链。被套成品尺寸为200cm×230cm。

③枕套。枕套也采用"A/B版"，一面采用织物B，另一面采用织物C，两面均可作正面，可在侧面装隐形拉链，也可不用拉链而用"内舌头"。枕套成品尺寸为74cm×48cm。

④靠垫套。靠垫套也采用"A/B版"，一面采用织物B，另一面采用织物C，两面均可作正面，在侧面装隐形拉链。靠垫成品尺寸为55cm×55cm。

四、桑皮纤维床品六件套原纱成本核算与产品经济分析

1. 原纱成本核算

（1）千米织物用纱量计算。织物规格：14.5tex×14.5tex，571根/10cm×354根/10cm，279.74cm（40英支×40英支，145根/英寸×90根/英寸，105英寸）。

①千米织物经纱用量计算。

千米织物的经纱用量 =

$$\frac{总经根数纱 \times 经纱线密度 \times （1+加放率）}{1000 \times （1-经纱织缩率）\times （1-染整缩率）\times （1+经纱总伸长率）\times （1-经纱回丝率）}$$

$$=15968 \times 14.5 \times （1+0.006）/ [1000 \times （1-0.05）\times （1-0.04）\times （1+0.005）\times （1-0.004）] =243.611（kg/km）$$

②千米织物纬纱用量计算。

千米织物的纬纱用量 =

$$\frac{纬密 \times 布幅 \times 纱线线密度 \times （1+加放率）}{100 \times 1000 \times （1-染整缩率）\times （1-纬纱缩率）\times （1-纬纱回丝率）}$$

$$=354 \times 279.74 \times 14.5 \times （1+1.006）/ [10 \times 1000 \times （1-0.04）\times （1-0.032）\times （1-0.004）] =156.069（kg/km）$$

（2）每米织物原纱成本增值核算。桑皮纤维面料与同规格纯棉织物相比，其成本增值主要产生在原纱单价增值部分。

①用纱单价（表7-7）。

②14.5tex×14.5tex纯棉织物每米原料成本核算。

经纱成本=$243.611 \times 10^{-3} \times 28000 \times 10^{-3} \approx 6.821$（元/m）

表7-7 用纱单价表（2013年6月份价格）

原料种类	单价（万元/吨）
14.5tex棉纱	2.8
14.5tex桑皮纤维/棉混纺纱（50/50）	4

纬纱成本=156.069×10^{-3}×28000×10^{-3}≈4.37（元/m）

纯棉织物每米原纱成本=6.821+4.37=11.191（元/m）

③14.5tex×14.5tex桑皮纤维/棉纱（50/50）织物每米原料成本核算。

经纱成本=243.611×10^{-3}×40000×10^{-3}≈9.744（元/m）

纬纱成本=156.069×10^{-3}×40000×10^{-3}≈6.243（元/m）

桑皮纤维/棉纱织物每米原纱成本=9.744+6.243=15.987（元/m）

④每米布增加成本核算。

每米布增加原纱成本=15.987-11.191=4.796（元/m）

（3）床品六件套用料计算。整个床品六件套，包括床单（250mm×250mm）1件、被套（200mm×230mm）1件、枕套（74mm×48mm）2件、靠垫（55mm×55mm）2件，根据面料裁剪排版图，经过套裁，床品六件套共需用料约7.4m/套，附加疵点等损耗，每套用料平均计8m。

（4）床品六件套原纱成本核算。

桑皮纤维/棉纱织物床品原纱成本=15.987×8=127.9（元/套）

每套床品增加原纱成本=4.796×8=38.37（元/套）

2. **产品经济分析** 与同规格纯棉织物床品相比，桑皮纤维/棉混纺纱织物床品六件套，每套增加原纱成本37.6元，其他项目成本基本不变；而由于产品具有了抗菌抑菌功能效果，产品销售价格每套可提高150～300元，产品附加值由此增加。

开发设计表明，所设计开发的桑皮纤维/棉混纺纱织物及其家纺产品，设计比较合理，花型色彩贴近时尚，成本控制恰当，功能等综合性能良好，较好地适应了当前家纺行业前沿市场的需要，具有良好的规模化生产可行性和市场推广前景，具有较高的社会和经济价值。

第八章　桑皮纤维户外休闲面料设计与开发

第一节　桑皮纤维户外休闲面料品种

近年来，使用功能性面料制作的户外休闲服装越来越多，比如防水透湿、抗菌除臭、保暖透气和隔热阻燃等休闲服装，其中高吸湿、高弹力、抗菌和保温调温等功能性纤维发挥了重要作用，使户外休闲运动成为享受。

一、防水透湿面料

防水透湿面料（Waterproof and Moisture Permeable Fabric），也被称作防水透气面料，在国外又叫做可呼吸面料（waterproof, windproof, and Breathable fabric或WWB），能够阻止外界液体水进入体内，同时允许身体散发的水蒸气散发到自然界中，不致在人体表面和织物之间集聚冷凝，使人感到不舒适，集防水、透湿、保暖和防风功能于一体。目前，防水透湿织物大致可分为高密织物、涂层织物和膜层合织物，以美国 W.L.Gore公司的Gore-Tex为代表，是依靠聚四氟乙烯（Polytetra fluoroethylene，简称 PTFE）或其他含氟聚合物经拉伸而形成原纤维状的微孔结构薄膜与织物复合而成。外层为耐磨保护层，内层为柔软贴身舒适层。

二、抗菌除臭面料

滞留在人体体表的汗液是细菌滋生的有利环境，长时间会产生异味。研究表明，人在大负荷运动之后，机体的免疫力会出现暂时性下降，极易感染疾病。抗菌除臭面料具有抑制细菌繁殖，去除臭味的效果。

三、保暖透气面料

研究表明，当人体处于热平衡时，感觉舒适的皮肤平均温度在33.4℃左右，身体任何部位的平均温度与皮肤平均温度的差在1.5～3.0℃范围内，人体感觉不冷不热，若温度差超过±4.5℃范围，人体将有冷暖感。服装的保暖主要依靠织物中的静态空气层起隔热和保暖的作用。传统上保暖透气防护服主要依靠超细纤维、中空纤维实现，目前也有通过远红外陶瓷整理开发远红外保暖织物的。

　　世界各国对超细纤维尚无规范定义，通常把单根纤度小于1旦的丝称细旦丝，小于0.3旦的称超细纤维（Microfiber）。超细纤维与常规天然、合成纤维相比，直径较小，比表面积相应增大，可以吸附更多的静止空气，因而超细纤维面料保温效果较好，可用于制作户外休闲用保暖夹克、裤子、手套、帽子和靴子等的里料。同时，超细纤维高密织物孔隙较小，水蒸气可以顺利穿透微孔空隙，而由于水的表面张力阻力作用，雨水不会通过织物，所以超细纤维高密织物面料在轻薄保暖同时又防水透气、挡风。超细纤维经过多年发展，国外常见品种有美国3M公司的Thinsulate®、美国Al-banyInternational公司的Primaloft®、日本帝人公司的Tetoron®等，国产有盛虹、恒力等公司产超细纤维。中空纤维内部有连续的空腔，减小了纤维的质量，能在纤维内部储存大量的静止空气，提高了织物的隔热保暖性。中空纤维经过多年发展，国外常见品种有美国杜邦（Dupont）开发的Thermoloft®和Thermolite®（2006年出售给英威达INVISTA公司）、日本帝人（Teijin）的AEROCAPSULE®等，国产有盛虹化纤的Shthermal®、恒力的Hengyuan®等。

四、隔热阻燃面料

　　阻燃隔热面料的基本要求是阻燃、隔热、耐高温，在高温高湿等恶劣气候条件下能保持足够的强度和服用性能；遇火及高温下不会发生收缩、熔融和脆性炭化，面料尺寸稳定，不会强烈收缩或破裂；具有耐磨损、抗撕裂等特性。隔热防护服性能与纤维原料、织物结构等因素相关。目前，耐高温阻燃防护面料用纤维主要垄断在美国等发达国家，主要有美国杜邦（DuPont）的Nomex®、日本帝人（Teijin）的Teijinconex®间位芳香族聚酰胺纤维（简称PMIA芳纶）、德国巴斯夫（BASF）的Basofil®三聚氰胺纤维、法国罗那（Kermel）的Kermel®聚酰亚胺纤维（简称P84）、奥地利兰精（Lenzing）的Lenzing FR®阻燃粘胶纤维、日本东洋纺（Toyobo）的Zylon®聚对苯撑苯并双恶唑纤维（简称PBO纤维）、美国PBI纤维材料公司（PBI Performance Products，Inc）的聚苯并咪唑纤维（简称PBI，由美国塞拉尼斯（Celanese）发明，2005年Celanese将PBI生产线剥离给给美国PBI纤维材料公司）、奥地利HOS-Technik GmbH的PBI等。我国阻燃纤维的研究开发起步较晚，目前我国自主知识产权产业化生产的有阻燃涤纶、芳纶、阻燃粘胶纤维等，如烟台泰和新材料（烟台氨纶Tayho）的Newstar®间位芳纶，上海特安纶纤维公司的芳砜纶等。

由于桑皮纤维具有优良的吸湿性、透气性、保暖性和一定的抗菌抑菌保健功效，因此桑皮纤维户外休闲面料产品的设计开发应注重其抗菌抑菌功能性，可以开发抗菌除臭面料，也可以与芳砜纶等阻燃纤维混纺交织开发阻燃抗菌休闲面料，还可以进行防水、防污和防油功能整理，开发"三防"面料。在国内尚未推广普及应用桑皮纤维户外休闲面料产品的现阶段，其消费人群定位主要面向注重户外休闲面料功能性的高端消费者。

第二节　桑皮纤维户外休闲面料产品设计实例

一、整体设计思路

设计一"三防一阻一抗"户外休闲面料，要求该面料具有防水、防油、防污（简称"三防"）功能，阻燃（简称"一阻"）性和抗菌（简称"一抗"）性，该面料开发原理如下。

（1）利用具有棉纤维和麻纤维的特征，并具有抗菌性的桑皮纤维，开发原料来源丰富且价格便宜、抗菌效果持久等优点的户外休闲面料。

（2）采用我国自主知识产权的耐热阻燃高性能纤维芳砜纶，开发价格便宜、阻燃效果持久的户外休闲面料。

（3）采用助剂对阻燃抗菌户外休闲面料进行后整理，提高防水、防油、防污的效果。

二、阻燃抗菌芳砜纶/桑皮纤维/棉混纺纱的开发

1. **原料特性**　采用上海特安纶公司的芳砜纶、基于微波—酶—化学辅助技术（AMBET）提取的桑皮纤维、细绒棉纺制19.4tex混纺纱，三者的混纺比分别为50/30/20，三种纤维主要性能指标见表8-1。

2. **芳砜纶的预处理与混纺方案的确定**　芳砜纶表面比较光滑，卷曲牢度不高，纤维的卷曲在开松梳理过程中会逐渐消失而造成纤维间的抱合力差，且纤维的体积比电阻过大，抗静电性能差，在纺纱过程中由于纤维与机件间及纤维与纤维间

的摩擦易产生静电。因此，纺纱前必须对纤维进行预处理。预处理工艺为将抗静电剂SN和和毛油制成的5%溶液，按照喷后纤维含水率为23%～25%喷洒量，均匀喷于纤维表面，然后用塑料薄膜包裹放置24h以上至含水率达到19.5%～20.5%。经反复试验，当含水率低于20%时静电严重，当含水率高于20%时，纤维摩擦力太大，容易堵塞打手。

表8-1　芳砜纶、桑皮纤维主要性能指标

项目	细度 （dtex）	长度 （mm）	LOI值 （%）	断裂强度 （cN/dtex）	初始模量 （cN/dtex）	断裂伸长率 （%）	抑菌率 （%）
芳砜纶	2.22	38	33	3.0～4.5	52.8	20～25	—
桑皮纤维	2.2±0.2	23.3±2.5	—	6.18±0.57	165.2±18.9	3.76±0.33	80.4±2.1
棉	1.18～1.54	27～31	—	1.8～3.1	110.9～114.5	3～7	—

由于桑皮纤维的纤维短、刚性大、伸长小、易脆断，单独成卷、成条困难，质量难以保证。因此，采用散纤维混合的方法将桑皮纤维与棉纤维在圆盘抓包机混合，以提高可纺性。为减少开松处理对纤维的损伤，需对桑皮纤维进行预处理。桑皮纤维预处理工艺：将FD-ZY06A给湿油剂、FD-ZY06B软化油剂、水按照1∶0.5∶5配比制成溶液，在给棉室喷雾加湿24h以上至桑皮纤维回潮率在10%左右。

由于桑皮纤维含杂多，长度整齐度较差，各机台落杂多为桑皮短纤维，为保证配比，将桑皮纤维用量提高5%。

3. 工艺流程

芳砜纶纤维：FA002A型圆盘抓棉机→FA022型混棉机→FA106A型开棉机→FA141型单打手成卷机→FA201B型梳棉机→FA306型预并条机。

桑皮纤维/棉：FA002A型圆盘抓棉机→A035型混开棉机→FA106型开棉机→FA141型单打手成卷机→FA201B型梳棉机。

芳砜纶纤维生条+桑皮纤维/棉生条：FA306型并条机（三道）→TJFA458A型粗纱机→FA507B型细纱机→EJP438型自动络筒机。

4. 纺纱工序主要工艺参数

（1）开清棉工序。

①芳砜纶开清棉工艺。芳砜纶长度整齐度好、弹性好，几乎没有杂质，为此采

用"多梳少打、轻打低速"的开清棉工艺原则，减少纤维损伤和短纤维的产生，适当增大成卷部位的压力，防止粘卷。主要工艺参数：FA002A型抓棉机打手速度700r/min，打手伸出肋条2.4mm。FA106型开棉机采用梳针打手，打手速度500r/min。FA141型成卷机采用梳针刀片打手，综合打手速度800r/min，棉卷罗拉速度11r/min。降低棉卷设计定量为380g/m，减少成卷长度为25m。

②桑皮纤维/棉纤维开清棉工艺。桑皮纤维杂质多、短绒多、易脆断，为此采用"勤抓少抓、低速度、轻定量、多松少打、早落少碎、多排少损伤"的工艺原则。各部件打手速度与纯棉纺纱相比均降低25%左右，以减少打击力度，避免纤维过多损伤从而引起短绒率的增加。FA106型开棉机打手速度480r/min，FA141型单打手成卷机采用梳针刀片打手，转速920r/min，棉卷定量400g/m。

（2）梳棉工序。

①芳砜纶纤维梳棉工艺。芳砜纶纤维梳棉确保"四快一准"，在提高梳理效果同时，通过降低棉网张力控制倍数至1.073、加大道夫与剥棉罗拉速比至1.07并缩小隔距至0.5mm、适当加大圈条速比、增大车间温度至22℃、湿度至60%以上等措施，保证纤维成网均匀。主要工艺参数为：锡林~盖板隔距0.28mm、0.25mm、0.23mm、0.23mm、0.25mm，锡林转速330r/min，刺辊转速789r/min，道夫转速22r/min，盖板线速度92mm/min，生条定量19.5g/5m。

②桑皮纤维/棉纤维梳棉工艺。桑皮纤维硬脆易损伤，为使棉网清晰、均匀，在梳棉工序中，采取"慢速度、重定量、少回收、小张力"的工艺，降低刺辊、锡林、道夫的转速以充分梳理加强转移，采用较大的生条定量以保证车台正常开出，并增大活动盖板和锡林之间的隔距，偏小掌握前张力牵伸，以减轻条干的恶化并提高制成率。

主要工艺参数为：锡林~盖板隔距0.23mm、0.20mm、0.20mm、0.20mm、0.23mm，锡林转速330r/min，刺辊转速798r/min，道夫转速23.9r/min，盖板线速度129mm/min，生条定量20.7/5m。

（3）并条工序。为保持混合纤维的湿度，采用对生条、并条的条筒用塑料薄膜套住以阻止混合纤维中水分的散失。加压量适当加大，保证足够的握持力与牵伸力相适应，确保纤维在牵伸中稳定运动，提高条干水平；适当放大罗拉隔距以改善条干水平。要对胶辊进行专用防静电剂处理，以减少静电现象带来的不利影响。采用倒牵伸工艺，以改善条干均匀度。喇叭口径适当偏小控制使纤维抱合紧密，加强对纤维的有效控制，以提高条干水平。并条机速度适当降低，可避免缠绕罗拉和胶辊，使生产顺利进行；混并头道以3根芳砜纶条子和3根桑皮纤维/棉生条进行并合牵伸。并条工序主要工艺参数见表8-2。

表8-2　并条工序主要工艺参数

工序	设计定量（g/5m）	并合数（根）	罗拉隔距（mm）	前罗拉速度（m/min）	喇叭口（mm）
预并	20.7	6	11×18	173	3.4
头并	19.5	3+3	11×18	173	3.2
二并	19	6	11×18	173	3.2
三并	18.3	6	11×18	173	3.0

（4）粗纱工序。由于混纺纤维间的抱合力比较差，要适当减小粗纱张力，防止意外伸长，改善条干水平；适当放大后区牵伸隔距，增大摇架压力，增大后区牵伸倍数，对减小牵伸力，降低粗节数量和提高条干水平十分有利；粗纱定量偏轻控制，并适当减小粗纱卷装，以减小粗纱退绕时的拖动张力，避免粗纱产生意外伸长；粗纱捻度和卷绕密度应适当偏大，能提高粗纱内在质量，有利于提高细纱质量；适当提高粗纱回潮率，减小静电和减少须条内纤维间的排斥；适当放慢车速，保证通道光滑以降低断头。

粗纱主要工艺参数：干定量4.46g/10m，罗拉隔距10mm×19mm×26mm，后区牵伸1.25倍，捻系数64，钳口隔距4.5mm，锭翼转速685r/min。

（5）细纱工序。细纱工序采用"低速度、中捻度、重加压、小钳口"的工艺原则。选择稍大的捻度和较小的后区牵伸，防止纤维在后区牵伸中过分扩散，有利于纱线毛羽的减少和成纱条干水平的改善。通过重加压及适当大的罗拉隔距来平衡由于后区牵伸减小带来的较大牵伸力，以达到牵伸稳定的目的。适当降低锭速和车速，减小离心力作用和静电积聚现象对细纱质量的不良影响。

主要工艺参数：罗拉隔距18×22，钢领型号PG14254，钢丝圈型号6903 3/0，隔距块3.0压力棒，细纱捻系数328，前罗拉速度230r/min，后牵伸1.22倍。

（6）络筒工序。由于混纺纱条干均匀度较差，根据生产实际情况，电子清纱器适当放宽了工艺参数，并采用小张力、低速度工艺。电清参数配置为棉结+250%，短粗+150%×1.3cm，长粗+130%×24cm，长细节-30%×40cm；络纱速度为650m/min。成纱质量指标见表8-3。

表8-3 成纱主要性能

项目			测试数据	
卷装形式			管纱	筒纱
实际号数			19.7	
重量偏差（%）			1.1	
重量CV值（%）			1.4	
单纱断裂强力（cN）			276.5	278.3
单强CV值（%）			10.2	7.8
条干	CV值（%）		12.9	13.3
	CV_b值（%）		1.5	2.1
千米纱疵	细节	−40%	75	106
		−50%	2	5
	粗节	+35%	220	284
		+50%	12	20
	棉结	+140%	135	246
		+200%	24	41
毛羽指数H			4.5	

三、"三防一阻一抗"芳砜纶/桑皮纤维/棉织物的开发

1. **织物规格** 19.4tex×19.4tex，673.5×259.5（根/10cm）317.5cm府绸。

2. **工艺流程** Benninger BEN-DIRECT1000-2400型整经机→Benninger BEN-SIZETEC双浆槽浆纱机→STAUBLI宽幅自动穿综机→Picanol OMNIplus 800-360型喷气织机→后整理。

3. **前织和织造工序主要工艺参数**

（1）整经。采用"低车速、小张力"的工艺原则，车速600m/min的整经速度，分段分区控制张力，保证做到张力、排列、卷绕三均匀，减少对纱线的断裂伸长的损失。滚筒压力为2500N，纱线刹停时间为2s，夹纱器延时1s，经轴轴数24，经轴根数892×23+872×1，经轴卷绕密度0.52g/cm³。

（2）浆纱。

①调浆。桑皮纤维和棉纤维均具有高吸湿度，因此浆液粘度不宜太高，选为7.5±1s。上浆工序遵循贴伏毛羽为主，浸透、被覆并重的原则。为发挥桑皮纤维环

保优势，采用无PVA上浆。主浆料选择TM-8010醚化淀粉。浆料配方和调浆工艺见表8-4。

表8-4　浆料配方和调浆工艺

项目		单位	指标
调浆配方	TM-8010马铃薯淀粉	kg	100
	磷酸酯淀粉	kg	20
	酯化淀粉	kg	62.5
	ADC	kg	20
	胶水	kg	10
	蜡片	kg	3
	抗静电剂	kg	2.5
	柔软剂	kg	1.5
	防腐剂	kg	0.35
调浆桶	定积	L	800
	煮浆时间	min	50
供应桶	温度	℃	98
	黏度	s	7.5±1
	pH		7~8
	体积	L	800
	使用时间	h	3~4

②浆纱。选用Benninger BEN-SIZETEC浆纱机，采用单浸双压双浆槽上浆形式，每只浆槽配备2只预烘烘筒，浆纱工艺见表8-5。

表8-5　浆纱工艺

项目	单位	指标
并缸轴数	只	24
织轴幅宽	cm	326
墨印长度	m	53
墨印颜色		红
后上蜡	%	0.2

项目		单位	指标
三率	上浆率	%	16±2
	回潮率	%	9±2
	伸长率	%	≤0.8
浆槽	温度	℃	85~90
	黏度	s	7.5±1
	pH		7~8
	含固率	%	14±0.5
卷绕线速度		m/min	55
张力调节		kg	自调
蒸汽压力		Mpa	0.25
Ⅰ速（0.5 m/min）压浆辊压力		kN	50
Ⅲ速（55 m/min）压浆辊压力		kN	20~23
预烘温度		℃	120
烘燥温度		℃	115

（3）穿经。筘号为163齿/10cm（83.5筘/2英寸），筘幅为325.3cm，地组织综穿法为（1，3，5，7，9）×14+（2，4，6，8，10）×14，边组织综穿法为（4，7）×104×2，地组织边组织筘入数均为4入，各列综丝数为（1，2，3，5，6，8，9，10）×2140（4，7）×2244。停经片穿法为（1，2，3，4，5，6）。

（4）织造。采用Picanol OMNIplus 800–360型喷气织机，单织轴阔幅织造。经织造实践：420r/min转速、80/4mm中开口量，550kg上机张力，20mm低后梁，310°开口时间，70°主喷嘴开启时间，梭口清晰度较好，经纱断头较少，能保证产品质量。废边纱采用（1，3，5，7，9，1，3，5）穿法。机上织物幅宽为315.5~322.3cm，为使织物平整，在左边筘幅180cm处放中支撑，但要防止筘路的产生。

（5）后整理。当一滴液体滴在织物表面上时，有可能完全润湿织物，在表面形成一层水膜，有可能形成水滴状，液滴边缘与固体表面形成一个夹角θ，这个角就称为接触角。当$0° < \theta < 90°$时，液体部分润湿织物，并在极短的时间内，液滴向四周扩散并渗入织物中，$90° < \theta < 180°$时，液体不能润湿织物表面而形成液珠，倾斜时液滴滚落，如图8–1所示。

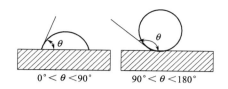

图8-1 接触角θ

要达到拒水拒油的目的，就要使接触角θ越大越好。由于液体表面张力不变，要达到拒水拒油的目的，就必须减小固体表面张力或使固液表面张力变大。防油防水防污面料是指利用纳米有机硅或有机氟为主原料，经过乳化等后整理工艺，在织物表面施加一层整理剂，使织物纤维的表面张力低于油的表面张力，水的表面张力为72.6mJ/m²，而一般油类的表面张力为20～40mJ/m²，润湿能力远大于水，所以拒油的物质一定拒水，同时具有防污功能。

①三防整理工艺流程：热风打底机（一浸一轧，100℃）→定型机（190℃、30s）→成品包装。

②工作液配方（表8-6）。

表8-6 三防整理工作液配方

组成	用量
WRS-C35拒水拒油剂（g/L）	100
EXT-09耐洗交联剂（g/L）	5
醋酸乙烯酯（g/L）	20
冰醋酸（mL/L）	1（调节pH到5）

4. 织物物理性能测试与分析

（1）防水性能测试：依据AATCC 22—2014《拒水性：喷淋试验》。使用淋水试验装置，将待测织物绷紧在180°的半圆环上，与水平成45°角固定在支架上，在在25～30s内将250mL蒸馏水迅速倒入带有喷头的漏斗中，使其在150mm高度向样品喷淋，根据试样表面沾水情况评定其防水性，评定分5个级别（5级防水性最好）。

（2）防油性能测试。依据AATCC 118—2013《拒油性：抗碳氢化合物测试》，在室温条件下将试样置于光滑平台，用滴管依次将各分值标准试液滴到试样上，试液的每滴直径为4～5mm，每个试样滴5处，间距不小于1.5cm，放置3min，以45°角观察试剂底部织物，反光未浸润即通过该分值测试。各分值标准试剂配比见表8-7。

表8-7　各分值标准试剂配比表

分值	配比（%）	
	矿物油	正庚烷
50	100	0
60	90	10
70	80	20
80	70	30
90	60	40
100	50	50
110	40	60
120	30	70
130	20	80
140	10	90
150	0	100

（3）耐水洗性测试。使用WGB089A型全自动缩水率试样机，60℃水洗30min，烘干后测试拒水拒油性。样品使用包缝机包边，按标准重量配置，水洗后脱水、平幅热风烘干，蒸汽熨斗熨烫后测试防水、防油性能。

（4）织物甲醛含量测试。按照GB/T 2912.1—2009《纺织品　甲醛的测定　第1部分：游离和水解的甲醛（水萃取法）》测定试样的甲醛含量。样品中取1g（精确至10mg），放入250mL具塞碘量瓶或三角烧瓶中，加100mL水，盖紧盖子恒温水浴锅（40±2）℃保温（60±5）min，每5min摇瓶一次。冷却过滤，然后取5mL过滤液，加5mL配好的己酰丙酮溶液摇匀恒温（40±2）℃保温（30±5）min。取出后，在室温放置（30±5）min后，在412nm处测吸光度。

防水、防油、耐水洗性能和三防整理后试样的甲醛含量测试结果见表8-8。

表8-8　防水、防油、耐水洗性能和三防整理后试样甲醛含量测试结果

项目		试样	"三防一阻一抗"户外休闲面料
初始		防水	5
		防油	130
1次水洗		防水	5
		防油	110
3次水洗		防水	5
		防油	90
5次水洗		防水	5
		防油	80
甲醛含量（mg/L）			<20

第三节　桑皮纤维织物的服用性能分析

纺织品的穿着服用性能是织物研究永恒的主题，只有当织物具有良好的服用性能，织物和纺织品的开发才具有意义。因此，本节将对桑皮纤维织物的穿着服用性能进行综合考察，主要研究的是与服用织物关系密切的拉伸性能、弯曲性能、耐磨性能、悬垂性、抗皱性、抗菌性及舒适性能。

为了较全面地评价桑皮纤维织物的服用性能，试织了以50/50桑皮纤维/棉混纺纱和纯棉纱为原料织制的规格为35.4tex×35.4tex 420根/10cm×280根/10cm的平纹织物。

一、桑皮纤维织物拉伸性能分析

织物一次受力拉伸至断裂，是织物抵抗拉伸外力的表现。断裂强力还可评价织物经磨损、日晒、洗涤、整理后的牢度。织物的拉伸断裂指标有断裂强力、断裂伸长、断裂长度、断裂伸长率、断裂功等，主要考核指标为断裂强力和断裂伸长率。断裂强力时指试样在规定条件下拉伸至断裂的最大力，是评定织物内在质量的主要指标之一，以经纬向或纵横向的断裂强力平均值表示，单位值N。断裂伸长率是试

样的伸长与其初始长度之比，以百分率表示。

织物拉伸断裂强力的测试方法国内外一般有拆纱条样法、剪切条样法。采用条样法，按照GB/T 3923.1—2013测定4种试样的拉伸性能。

1. **取样及试样制备** 取样时，在距布边150mm以上处，避开布边，剪取试样，要求布面平整不能有疵点。试样采用经纬纱向试条各5块，每块试样的有效宽度为50mm（包括毛边为60mm或70mm），长度为300mm（夹持长度为20mm）。并在标准大气条件下平衡24h。

2. **试验仪器** YG026型织物强力仪。

3. **试验内容** 对于每种试样进行5次拉伸试验，多次测量其断裂强度与断裂伸长值，再取平均值。

4. **试验方法** 检查校准仪器后，设置测试参数见表8-9，开始试验。

表8-9 拉伸断裂的试验参数

试样类型	试样尺寸（宽×长）（mm×mm）	隔距长度（mm）	织物断裂伸长率（%）	拉伸速度（mm/min）
试样织物	50×300	200	8~75	100

5. **试验结果与分析** 桑皮纤维/棉混纺织物与纯棉织物拉伸性能测试结果见表8-10。

表8-10 桑皮纤维/棉混纺织物与纯棉织物拉伸性能测试结果

项目	断裂强力（N/5cm×20cm）		断裂伸长（mm）		断裂伸长率（%）	
	经向	纬向	经向	纬向	经向	纬向
纯棉织物	808.1	530.7	11.3	22.5	5.7	11.3
桑皮纤维/棉50/50混纺织物	405.8	270.5	13.3	24.3	6.2	12.5

测试结果表明，桑皮纤维/棉纤维织物的拉伸强力小于纯棉织物，这是因为桑皮纤维长度较棉纤维短，且短绒率含量较棉纤维多。但同时桑皮纤维的断裂强度（6.18±0.57cN/dtex）比棉纤维（1.8~3.1cN/dtex）要高的多，又弥补了由于桑皮纤维长度和短绒因素造成的织物强力损失，桑皮纤维混纺织物拉伸性能完全能够满足

服用要求。

二、桑皮纤维织物弯曲性能分析

一般衣着用或生活用织物，除了花色要符合消费者要求外，内衣织物需要具有良好的柔软特性，外衣织物服用时要保持必要的外形轮廓和美观造型，这与织物的硬挺度和柔软程度有关，称为织物的刚柔性。织物的刚柔性是指织物的弯曲刚度和柔软度。织物的弯曲刚度影响织物悬垂性、起拱变形和织物手感风格。织物刚度过小时，服装疲软、飘荡、缺乏身骨；刚性过大时，服装又显得板结、呆滞。织物弯曲或抗弯刚度的测定方法包括斜面法和心形法，都是根据织物弯曲变形能力大小的原理进行测定的。采用斜面法，按照GB/T 18318.1—2009测定两种试样的弯曲性能，测量指标有活络率、弯曲刚性、最大抗弯力等，取尺寸为50mm×55mm的桑皮纤维/棉混纺织物和棉织物各5块，两种织物的弯曲性能实验数据及两种织物的弯曲性能测试数据对比见表8–11～表8–13。

表8–11　纯棉织物弯曲性能测试数据

次数	活络率（%）	弯曲刚性（cN/mm）	刚性指数（cN/mm^2）	最大抗弯力（cN）
1	69.62	1.21	0.06	12.46
2	69.41	1.26	0.05	12.10
3	68.72	1.15	0.05	12.51
4	67.85	1.18	0.05	12.30
5	68.34	1.09	0.05	12.27
平均值	68.79	1.18	0.05	12.33

表8–12　桑皮纤维/棉混纺织物弯曲性能测试数据

次数	活络率（%）	弯曲刚性（cN/mm）	刚性指数（cN/mm^2）	最大抗弯力（cN）
1	29.64	1.45	0.07	19.41
2	29.19	1.38	0.06	18.95
3	31.09	1.30	0.06	20.22
4	32.85	1.41	0.07	18.39
5	27.46	1.37	0.06	16.24
平均值	30.05	1.38	0.06	18.64

表8-13　两种织物的弯曲性能测试对比数据

织物类别	活络率（%）	弯曲刚性（cN/mm）	刚性指数（cN/mm^2）	最大抗弯力（cN）
纯棉织物	68.79	1.18	0.05	12.33
桑皮纤维/棉混纺织物	30.05	1.38	0.06	18.64

　　测试结果表明，桑皮纤维/棉混纺织物的活泼率比棉织物大、弯曲刚性和最大弯曲力小于棉织物，但差别不大。由此可见，桑皮纤维织物用于外衣用服装面料，可保持服装必要的外形和美观，做内衣用织物又不会太硬挺，具有一定的柔软舒适性。

三、桑皮纤维织物耐磨性能分析

　　服用和家用织物在正常使用中，织物的磨损是造成织物损坏的重要原因。如内衣、袜子、被单及外衣的领口与人体皮肤摩擦而产生的磨损，衣服相互间或与外界的桌椅、物件以至活动场所摩擦而产生的磨损等。耐磨性是指织物抵抗磨损的特性，对于评定织物的服用牢度具有很重要的意义。

　　根据织物使用的实际情况，有很多种不同的磨损方式。因此，织物的耐磨试验仪器的种类也有很多，大体可分成平磨、曲磨和折边磨三类。采用平磨法，按照GB/T 21196.3—2007测定测定4种织物的耐磨性能。

　　1. **取样及试样制备**　取样时，避开布边，要求布面平整不能有疵点。试样采用直径为112mm的圆形试样，在取好的试样中心剪6mm小孔。

　　2. **试验仪器**　YG522N型圆盘式织物平磨仪，如图8-2所示。

图8-2　YG522N型圆盘式织物平磨仪

3. **试验内容**　对于每种试样进行5次耐磨试验,多次测量其单位面积失重,再取平均值。其中,试验数据计算公式为:

$$每块试样单位面积失重=\frac{G_0-G_1}{S}$$

式中:G_0——试样磨前重量,g;

G_1——试样磨后重量,g;

S——试样受磨面积,cm²。

4. **试验方法**　将试样固定在直径100mm的工作圆盘上,并用六角扳手旋紧夹布环,使试样受到一定张力;采用250g加压重锤进行加压,选择A-150磨料的砂轮,调节吸尘管高度在1~1.5mm之间,并将吸尘器的吸尘软管及电气插头插在平磨仪上;设置磨损次数为300转,圆盘转速为60r/min;启动电动机进行试验。

5. **试验结果与分析**　桑皮纤维/棉混纺织物与纯棉织物耐磨性能测试结果如图8-3、表8-14和表8-15所示。

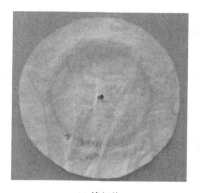
(a) 棉织物

(b) 桑皮织物

图8-3　桑皮纤维/棉混纺织物与纯棉织物耐磨性能测试结果图

表8-14　桑皮纤维/棉混纺织物与纯棉织物耐磨性能测试数据

测试项目	次数	1	2	3	4	5
纯棉	原样布重(g)	3.0451	3.0460	3.0432	3.0451	3.0449
	损耗后布重(g)	3.0379	3.0376	3.0375	3.0379	3.0377
桑皮纤维/棉混纺织物	原样布重(g)	3.9548	3.9542	3.9538	3.9539	3.9539
	损耗后布重(g)	3.9500	3.9497	3.9529	3.9499	3.9535

表8-15　桑皮纤维/棉混纺织物与纯棉织物耐磨性能对比数据

损失率（%）	次数 1	2	3	4	5
纯棉	0.236%	0.275%	0.187%	0.236%	0.236%
桑皮纤维/棉混纺织物	0.121%	0.113%	0.022%	0.101%	0.010%

　　观察摩擦后织物试样表面，由图8-3可见桑皮纤维/棉混纺织物试样表面与纯棉织物相比，起毛、起球性明显较少，外观效应较好。由表8-14和表8-15测试结果表明，桑皮纤维/棉混纺织物的摩擦质量损失率小于纯棉织物的质量损失率。由此可见，桑皮纤维织物较纯棉织物更耐磨，可以提高织物的穿着耐久性。

四、桑皮纤维织物悬垂性能分析

　　织物因自重下垂的程度及形态称为悬垂性。它反映织物的悬垂程度和悬垂形态。悬垂程度是指织物在自重作用下下垂的程度，下垂程度越大，织物的悬垂性越好。悬垂形态是指织物伸出部分能形成均匀平滑和高频波动曲面的特性，波动越平滑均匀，波动数越多，悬垂形态越好。衣裙、窗帘、帷幕、桌布等都要求具有良好的悬垂性。

　　悬垂性根据使用状态可分为静态悬垂性和动态悬垂性。静态悬垂性是指织物在自然状态下的悬垂度和悬垂形态。织物静态悬垂性的测试方法有多种，最常用的是伞式法（或圆盘法）。织物动态悬垂性测量时需将原静态的悬垂物绕伞轴转动，须采用快速或高速摄影记录下悬垂织物的投影形态。采用伞式法（或圆盘法），按照GB/T 23329—2009测定两种织物的悬垂性能。

　　1. **取样及试样制备**　取样时，避开布边，要求布面平整不能有疵点。试样采用直径为24cm的圆形试样。

　　2. **试验仪器**　YG811C织物悬垂性能测试仪。

　　3. **试验内容**　对于每种试样进行5次悬垂试验，多次测量其悬垂系数，再取平均值。

　　4. **试验方法**　将试样固定在直径为12cm的圆形夹持盘上。打开光源，并校正其高度，在不使试样产生虚影的条件下将光源固定。从位于抛物面镜焦点的光源发出的光经放射呈平行光线照射在试样上，得到一水平投影图，直接读出悬垂系数。

　　5. **试验结果与分析**　桑皮纤维/棉混纺织物与纯棉织物悬垂性能测试结果见表8-16。

表8-16　桑皮纤维/棉混纺织物与纯棉织物悬垂性能测试结果

测试次数	悬垂系数（%）	
	纯棉织物	桑皮纤维/棉混纺织物
1	38.6	42.5
2	35.7	41.7
3	37.6	40.1
4	37.9	40.2
5	36.5	41.3
平均值	37.3	41.2

测试结果表明，桑皮纤维/棉混纺织物与纯棉织物的悬垂性相差较小，都具有较好的悬垂特性，纯棉织物的悬垂性稍优于桑皮纤维/棉混纺织物，这是因为纤维越柔软则织物悬垂性越好。

五、桑皮纤维织物抗皱性能分析

织物被搓揉挤压时发生塑性弯曲变形而形成折皱的性能，称为折皱性。织物在使用中如果产生折皱，就会影响织物的外观与平整。抗皱性是指织物在使用中抵抗起皱以及折皱容易回复的性能，通常用折皱回复角来表示。

织物抗皱性能的测定方法主要包括折叠法和揉搓拧绞法。其中，折叠法主要是测定织物的折皱回复角来衡量织物的抗皱性能；揉搓拧绞法主要是以揉搓或拧绞的方式使织物起皱，采用样板对照或图像处理法进行评价，该方法更接近实用效果。采用折叠法，试样垂直放置，按照GB/T 3819—1997测定两种试样的抗皱性能。

1. **取样及试样制备**　取样时，避开布边，要求布面平整不能有疵点。试样采用经/纬向试条，试样规格为40mm×15mm。

2. **试验仪器**　YG541B型织物折皱弹性测试仪。

3. **试验内容**　每种织物取20块样，其中，经向与纬向各一半，再分正面对折和反面对折，进行20次抗皱试验，测量每块试样的急弹性回复角与缓弹性回复角，用经向平均回复角与纬向平均回复角之和来代表该试样的抗皱性能。

4. **试验方法**　开启电源开关，掀琴键开关，使翻板处于水平位置。将剪好的试样按5经5纬的顺序，夹在试样翻板刻度线的位置上，并用手柄将试样沿折痕盖上玻璃压板。掀工作按钮启动电动机，使得10只重锤每隔15s按顺序压在每只试样翻板上（加压重锤的重量为500g）。加压时间为5min时，投影仪灯亮，试样翻板依次自动释重抬起，此时迅速将投影仪移至第一只翻板位置上，依次测量10只试样的急弹性回复角，再过5min后，按同样的方法测量织物的缓弹性回复角。

5. **试验结果与分析** 桑皮纤维/棉混纺织物与纯棉织物折皱性能测试结果见表8-17。

表8-17　桑皮纤维/棉混纺织物与纯棉织物折皱性能测试结果

次数＼项目	纯棉织物 干折皱恢复角（°）	桑皮纤维/棉混纺织物 干折皱恢复角（°）
1	197.4	221.0
2	195.6	225.6
3	199.5	214.8
4	201.3	236.7
5	194.1	211.5
6	197.6	211.9
7	199.4	227.7
8	202.3	216.4
9	201.7	228.5
10	198.6	225.1
11	199.8	204.2
12	198.2	236.6
13	206.4	209.5
14	185.4	216.3
15	197.4	215.7
16	198.4	234.1
17	197.2	222.4
18	198.4	210.4
19	202.4	219.5
20	214.1	217.8
平均值	199.3	220.3

测试结果表明，桑皮纤维/棉混纺织物抗皱性能优于纯棉织物，这是因为桑皮纤维稍粗于棉纤维，且拉伸弹性回复率和初始模量较大。这说明桑皮纤维织物在使

用过程中能够保持原有外观特征，具有便于使用和易于保养得性能。

六、桑皮纤维织物的舒适性能分析

织物的舒适性涉及热湿舒适性和接触舒适性，而织物的接触舒适性又受到热湿性能的影响。通过织物的热湿和空气的流动是影响织物舒适性的主要因素，通常人们都通过织物的吸湿性和透气性来衡量织物的热湿舒适性，以此表征织物的热湿和空气流动。本书从吸湿性与透气性两方面来分析桑皮纤维织物的舒适性能。

1.**桑皮纤维织物的吸湿性** 本试验按照GB/T 9995—1997《纺织材料含水率和回潮率的测定 烘箱干燥法》对不同混纺比的桑皮纤维织物测定其吸湿性。

（1）取样及试样制备。取样时，避开布边，要求布面平整不能有疵点。试样规格为40mm×15mm。

（2）试验仪器。Y802N型八篮恒温烘箱。

（3）试验内容。每种织物取1块样，测量其含水率。

（4）试验方法：将每种试样在烘箱中烘烤2.15h后称取其干重，然后将试样置于设定环境中，每隔10min读取电子分析天平读数，直至试样称重值恒定，计算含水率。其中，试验数据计算公式为：

$$含水率=\frac{W-W_0}{W}\times100\%$$

式中：W——试样干重，g；

W_0——试样电子分析天平读数，g。

（5）试验结果与分析。通过含水率的变化来表征桑皮纤维/棉混纺织物的吸湿性能，结果见表8-18。

表8-18 桑皮纤维/棉混纺织物与纯棉织物吸湿含水率变化比较

吸湿时间（min）	含水率（%）	
	纯棉织物	桑皮纤维/棉混纺织物
10	0.0164	0.0586
20	0.456	0.618
30	3.068	3.123
40	7.834	8.108
50	7.835	8.109
60	7.834	8.109

　　由表8-18可见，桑皮纤维的共混，织物的含水率增大，且含水率的变化也逐渐增大，表明该混纺织物具有良好的吸湿性能。

　　2. 透气性　织物透气性是指当织物两侧存在压差时，空气从织物的气孔透过的能力。透气性是衡量织物通透性的主要指标，也直接决定织物的热湿舒适。如夏天用的织物希望具有较好的透气性，而冬天用的织物透气性应该较小，以保证具有良好的防风性能，防止热量的大量散发。

　　织物的透气性常用透气量来表示。透气量是指织物两面在规定的压差下，单位时间内流过单位织物面积的空气体积。透气性的大小直接关系到织物舒适性能的好坏。本试验采用低压测定的方法，按照GB/T 5453—1997测定4种试样的透气性。

　　（1）取样及试样制备。取样时，避开布边，要求布面平整不能有疵点。试样规格为40mm×15mm。

　　（2）试验仪器。YG461N型织物透气量仪。

　　（3）试验内容。每种织物取10块样，多次测量其透气量，再取平均值。

　　（4）试验方法。校正织物透气测量仪的水平。将试样用固定圆环固定在织物透气测量仪圈架上。打开盖板，换上适当孔径的锐孔，使得试验时直管压力计液柱在适当的地位，然后旋紧盖板，使气室关闭。旋动变阻器，调节抽气风扇速度，使斜管压力计读数指在液柱标尺刻度2处，此时织物两端的压力差为49Pa，同时记录所对应的直管压力计读数。根据直管压力计读数P和所选择的的锐孔孔径大小，查表即得织物透气量Q［L/（$m^2 \cdot s$）］。

　　（5）试验结果与分析。测试结果表明纯棉织物的透气性为271.4L/（$m^2 \cdot s$），而桑皮纤维/棉混纺织物的透气性达到302.4L/（$m^2 \cdot s$），表明桑皮纤维的共混提高了织物的透气性能。

　　随着生活水平的提升，在科技发达化纤产量逐年增高的今天，人们崇尚自然的意识日益增强，对自己的衣着要求也在不断的提高，越来越趋向于喜欢天然纤维的服饰。

　　桑皮纤维作为一种新型天然纺织原料有着相当好的纤维性能，既有棉的一些特性，又兼备麻的一些优点，具有优良的吸湿性、透气性、保暖性和一定的保健功效，其光泽良好、手感柔软、易于染色，是一种具有高附加值的纯天然绿色纤维。

第九章　桑皮纤维针织产品的开发

第一节　桑皮纤维袜子的开发

袜子的种类虽然很多，但其组成部分大致相同，仅在尺寸大小和原料花色组织等方面有所不同。从尺寸上来讲，有短筒袜，中筒袜、长筒袜以及连裤袜。从组织上可分为素袜、花袜和毛圈袜等。这里采用桑皮纤维/棉30/70混纺纱织了平针、提花以及添纱三种组织的袜子，其中，平针袜子属于素袜，提花和添纱袜子属于花袜。平针袜子，比较简单，组织采用纬平针，表面无花色。下面主要介绍提花袜子和添纱袜子。

一、提花袜子

本款提花袜子由三种色纱编织，因此称为三色提花袜。由于提花线圈大而松，因而凸出于织物表面，称为凸纹，如图9-1所示的纵行2、3、5、6、8、9为凸纹；而杂色纵行线圈被抽紧缩小，凹陷在提花线圈纵行之下，称为凹纹，如图9-1中所示纵行1、4、7、10为凹纹。如图9-1所示的凹凸花纹为1∶2间隔排列。凹纹不影响花纹的外观效应，织物的花纹主要由提花线圈纵行显示。

二、添纱袜子

1. **绣花袜**　采用Z507型袜机，绣花花型上机图的设计内容及步骤如图9-2所示。

（1）花型意匠图。花型由主花和边条花组成。其中主花为两色花型，花高为32横列，花宽为9纵行。边条花为单色花型，花高为12横列，花宽为4纵行。

（2）提花片排列图。因主花型为对称花型，故其所对应的提花片齿应排列成"∨"形。又因该机型使用上排刀和下排刀选针，故"∨"形齿需排双层。边条花

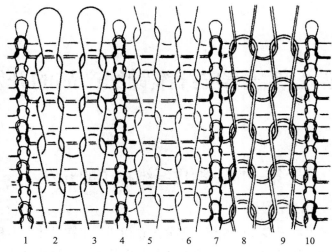

图9-1 三色提花组织

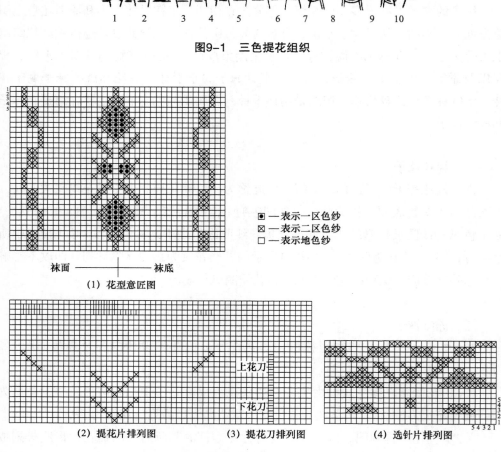

⊡ —表示一区色纱
⊠ —表示二区色纱
□ —表示地色纱

袜面 ———┼——— 袜底

（1）花型意匠图

上花刀

下花刀

（2）提花片排列图　　　　　（3）提花刀排列图　　　　　（4）选针片排列图

图9-2 绣花花型上机图的设计内容及步骤

为不对称花型并且又是单色花型，故其所对应的提花片齿排列成步步高或步步低形，并且只排上排刀。

（3）提花刀排列图。根据花宽所对应的上排刀，在提花刀架上不需安装垫片，而下排刀在刀架上需安装垫片。

（4）选针片排列图。花型齿由右向左排列，因该机型花滚筒为逆时针转。选针片齿与提花刀对应也分为上排齿和下排齿。上排齿区应排"右半部"逆时针转90度的花型。下排齿区用相同方法只排一区色纱花型齿。边条花为不对称花型，故只需排与其相对应上排刀花型齿。

2．**网眼袜**　采用Z507型袜机，网眼花型上机图如图9-3所示。

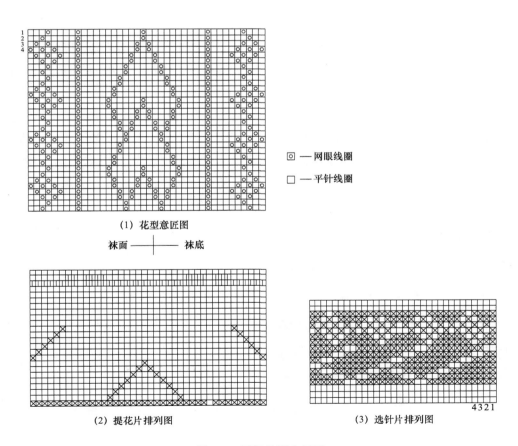

⊡ —网眼线圈

□ —平针线圈

（1）花型意匠图

袜面————袜底

（2）提花片排列图　　　　　（3）选针片排列图

图9-3　网眼花型上机图

（1）花型意匠图。主花为菱形连续网眼，边花为小方块连续网眼。

（2）提花片排列图。主花对称，提花片齿排列成"Λ"形。边花不对称，提花片齿排列成步步高或步步低。最下一齿全留齿，由一把下排刀控制。

（3）选针片排列图。选针片齿排列方法与绣花方法基本相同，不同之处在于选针原理相反，即选针片留齿无花编织平针，去齿有花编织网眼。花型齿全部为上排齿，最下第三档齿为下排齿，全部钳齿，以便使下排刀始终打入一级。

第二节　桑皮纤维内衣的开发

一、纬编内衣

单面内衣产品设计较为简单，如名称为汗布的产品，可采用单面大圆机，机号为 $E24$、路数为72，以18.2tex桑皮纤维/棉30/70混纺纱为原料，采用纬平针组织。下面主要介绍双面内衣产品的设计实例。

1. 横条纹双面纬编产品的设计　横条纹可分为色彩横条纹和结构横条纹。色彩横条纹，顾名思义，主要通过纱线颜色的变化在织物表面形成横条纹效应。结构横条纹，主要通过组织结构的变化在织物表面形成横条纹效应。实际设计时，纱线颜色的变化和组织结构的变化可以组合起来，使形成的横条纹既具有色彩效应，又具有结构效应。

图9-4　色彩效应和结构
效应兼有的横条纹

如图9-4所示，采用桑皮纤维/棉混纺纱线设计的横条纹既具有色彩效应，又具有结构效应。具体编织工艺如下。

（1）设备参数。RTPR-RY型圆机，机号为 $E24$，筒径为86.4cm（34英寸），总针数为2544×2针，路数为72。

（2）原料：18.2tex桑皮纤维/棉30/70混纺纱。

（3）织针排列：上针床为AB，下针床为BA。

（4）三角排列如下：

上针床	A	△	—
	B	—	△
路数		1	2
下针床	A	△	—
	B	—	△

三角排列以2路为一循环，第1路在高踵针成圈，第2路在低踵针成圈。

（5）穿纱方式。穿纱以48路为一循环，1~12路为蓝色纱，13~36路为白纱，37~48路为灰色纱，通过纱线颜色的变化，在布面形成色彩横条纹。

2. **纵条纹双面纬编产品的设计**　纵条纹双面纬编产品可分为两类，一类表面平整，主要是通过色纱形成的；另一类表面具有凹凸效应，主要通过抽针在布面形成凹陷的纵行。

如图9-5所示，该纵条纹主要通过色纱的排列在布面形成一个纵行的蓝色和一个纵行的白色，布面平整，可用作内衣面料。

组织为1+1双罗纹，第一路为蓝色桑皮纤维/棉混纺纱，第二路为白色桑皮纤维/棉混纺纱，形成织物的一个横

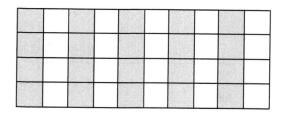

图9-5　纵条纹双面纬编产品花型意匠图

列，以此循环。如果采用2+2双罗纹，色纱排列顺序不变，布面则形成两个纵行的蓝色和两个纵行的白色。

3. **方格双面纬编产品的设计**　将横条与纵条相结合，即可形成方格类织物。既可以采用色彩差异来实现，也可通过组织的变化或抽针所形成的结构效应来实现。

该织物组织为1+1双罗纹，织针排列为：

上针床：BA BA BA BA BA BA

下针床：AB AB AB AB AB Ax（x代表抽针）

穿纱方式：1、3、5、7、9、11、13、15穿灰色桑皮纤维/棉30/70混纺纱，2、4、6、8、10、12、14、16穿白色桑皮纤维/棉混纺纱，形成8个横列的纵条纹，17~20穿灰色桑皮纤维面混纺纱，形成两个色纱横列，在布面形成横条纹。通过抽针，形成纵条纹，下机后织物发生收缩，凹进的纵行不显露，在布面显露两个纵行

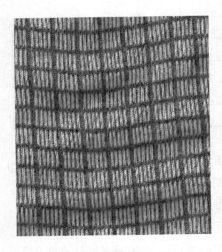

图9-6　方格双面纬编产品

的色纱。横条纹与纵条纹组合，布面呈现方格效应，如图9-6所示。

4.　**斜纹双面纬编产品的设计**　斜纹突破了横条纹、纵条纹的正规，展现全新的思想，适合各类人群，在市场上的应用相当广泛。设计时先画正面花型意匠图，可以是左斜，也可以是右斜。正面花型效果可以类似于机织物的 $\frac{1}{3}$ 斜纹，也可以类似于 $\frac{2}{2}$ 斜纹。如表9-1所示，意匠图类似机织物的 $\frac{1}{3}$ 右斜纹，其中 ⊠ 代表白色，其他代表黑色。

表9-1　斜纹的正面花型意匠图

4横列				×
3横列			×	
2横列		×		
1横列	×			

图9-7　斜纹双面纬编产品

两路形成织物的一个横列，一个花型循环共8路。四个纵行编织情况不同，所以下针为ABCD，反面要求形成小芝麻点效应，上针为AB，三角排列应为高低低高。以第一横列为例，两路纱编织，第一路白纱，第二路黑纱。白纱应在下针的A针成圈，上针的A针成圈，黑纱在下针的BCD成圈，上针的B针成圈，从而在一纵行形成白色，在二、三、四纵行形成黑色。

本块面料采用红色18.2texCVC40/60和白色18.2tex桑皮纤维/棉30/70混纺纱线形成色彩分明的类似于机织物的 $\frac{1}{3}$ 左斜纹面料，如图9-7所示。

（1）织针排列：上针床为ABAB，下针床为ABCD

（2）三角配置如下：

上针床		1	2	3	4	5	6	7	8
	B	—	△	△	—	—	△	△	—
	A	△	—	—	△	△	—	—	△
路数F		1	2	3	4	5	6	7	8
下针床	A	△	—	△	—	△	—	—	△
	B	△	—	—	—	—	△	△	—
	C	△	—	—	△	△	—	△	—
	D	—	△	△	—	△	—	—	△

二、经编内衣

单针床内衣产品设计较为简单，如采用桑皮纤维/棉混纺纱线作衬纬，可增加产品的舒适性能，常用作妇女内衣面料，该产品如图9-8所示。生产时，可采用如下设备和工艺。

设备参数：

机型：KS2MSU

机号：$E24$

梳栉数：2

原料：

A纱：33dtex f10锦纶

B纱：33dtex f10锦纶

C纱：18.2tex桑皮纤维/棉30/70混纺纱线

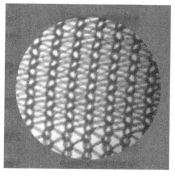

图9-8　单针床经编内衣面料

垫纱数码：

GB1：0—1/1—0/3—2/2—3/3—2/2—3/0—1/1—0//

GB2：1—0/0—1/1—0/0—1/2—3/3—2/2—3/3—2//

穿经：

GB1：1B，1空

GB2：1A，1空

MS：2C

送经量：

图9-9 织物正反面外观效应

GB1：970mm/腊克

GB2：970mm/腊克

MS：2500m/m×m

后整理：

染色，热定形，水洗，后拉幅

下面主要介绍双针床内衣产品的设计实例。

1. 方格面料的设计

（1）织物外观效应。织物正反面外观效应如图9-9所示，由黑色、灰色、棕色、鸽灰、白色五种颜色在布面形成方格效应。

（2）编织工艺。

①机型：HCR16-EK。

②机号：$E12$。

③原料。

A纱：黑色18.2tex桑皮纤维/棉30/70混纺纱线。

B纱：灰色18.2tex桑皮纤维/棉30/70混纺纱线。

C纱：棕色18.2tex桑皮纤维/棉30/70混纺纱线。

D纱：鸽灰18.2tex桑皮纤维/棉30/70混纺纱线。

E纱：白色18.2tex桑皮纤维/棉30/70混纺纱线。

④整经及配色如下：

梳栉	盘头参数
GB4	155根：55根A×3个×45m
GB5	155根：55根D×3个×45m
GB12	155根：55根E×3个×45m
GB13	55根：A1B1C2B2D3B2C2B1A1B18A1B1C2B2D3B2C2B1A1B7 55根×1个×60m
	55根：B11A1B1C2B2D3B2C2B1A1B18A1B1C2B2D3B2 55根×1个×60m
	55根：C2B1A1B18A1B1C2B2D3B2C2B1A1B18 55根×1个×60m

⑤穿经：总排针165针，GB4、GB5、GB12、GB13，满穿。

⑥垫纱数码。

GB4：（0—0—0—0，2—2—2—2）×8/1—0—1—0/（0—0—0—0，2—2—2—2）×7/1—0—1—0//。

GB5：（0—0—0—0，2—2—2—2）×8/0—0—0—0/2—2—2—2/0—0—0—0/1—0—1—0/1—0—1—0/（0—0—0—0，2—2—2—2）×3/1—0—1—0/1—0—1—0/0—0—0—0/2—2—2—2/0—0—0—0//。

GB12：（0—0—0—0，2—2—2—2）×8/0—0—0—0/（0—0—0—0，2—2—2—2）×3/（1—0—1—0）×2/（0—0—0—0，2—2—2—2）×3/2—2—2—2//。

GB13：（1—0—1—0，1—0—1—0）×8/2—2—2—2/1—0—1—0/1—0—1—0/0/0—0—0—0/2—2—2—2/1—0—1—0/1—0—1—0/2—2—2—2/0—0—0—0/1—0—1—0/1—0—1—0/0/0—0—0—0/2—2—2—2/1—0—1—0/1—0—1—0/0/0—0—0—0//。

⑦送经量（单位为mm/腊克，纵密为5.5横列/cm）：

GB2：500×16，3200×1，500×14，3200×1。

GB3：500×19，3200×2，500×6，3200×2，500×3。

GB12：500×23，3200×2，500×7。

GB13：3500×16，500×1，3600×2，500×2，3600×2，500×2，3600×2，500×2，3600×2，500×1。

（3）设计要点及应用领域。GB4在第17、32横列形成黑色线圈，GB5在第20、21横列以及第28、29横列形成鸽灰色线圈，GB12第24、25横列形成白色线圈，三把梳栉在布面上形成横条纹，而GB13通过色纱穿经在布面上形成纵条纹，横条纹和纵条纹组合在布面上就形成了方格效应。

该款纯棉方格面料手感柔软，适合于制作围巾及内衣等。

2. 网眼面料的设计

（1）织物外观效应（图9—10）。

（2）编织工艺。

①原料：米黄色18.2tex桑皮纤维/棉30/70混纺纱线。

②垫纱数码及穿经。

GB4：0—0—5—5/5—5—6—7//，1穿3空。

GB5：1—0—0—0/0—1—1—1//，1穿3空。

图9—10 网眼面料正面外观效应

GB12：1—1—1—0/1—1—2—3/3—3—4—5/4—4—3—2//，1穿1空。

GB13：4—4—4—5/4—4—3—2/1—1—1—0/1—1—2—3//，1穿1空。

③送经量（纵密为6.5横列/cm）。

GB4：4000mm/腊克。

GB5：1800 mm/腊克。

GB12：1800 mm/腊克。

GB13：1800 mm/腊克。

（3）设计要点及应用领域。GB12和GB13采用三针变化经缎对称垫纱在后针床形成菱形网眼，GB4连接两表面，GB5编织编链组织，脱下来在布面上形成荷叶边。

图9-11　曲折条纹面料正面外观效应

该款面料表面带有网孔，透气性好，荷叶边又赋予织物时尚个性特色，适合制作时尚内衣，夏天的披肩、秋天的围巾等。

3.　曲折条纹面料的设计

（1）织物外观效应。织物正面外观效应如图9-11所示，灰色、白色、黑色三种色纱在布面纵向形成曲折条纹。

（2）编织工艺

①原料。

A纱：黑色18.2tex桑皮纤维/棉30/70混纺纱线。

B纱：灰色18.2tex桑皮纤维/棉30/70混纺纱线。

C纱：白色18.2tex桑皮纤维/棉30/70混纺纱线。

②色纱排列：1A1 C1A1B1C1A1C1A1B1C1B1C1B1C（14个纵行一个循环）。

③垫纱数码。

GB4：0—0—0—0/3—3—3—3//。

GB5：1—0—0—0/0—1—1—1//。

GB12：1—0—1—1/1—2—2—2/2—3—3—3/3—4—4—4/4—5—5—5/5—6—6—6/6—7—7—7/7—8—8—8/8—9—9—9/9—10—10—10/10—11—11—11/11—12—12—12/12—13—13—13/13—14—14—14/14—15—15—15/15—16—16—16/16—17—17—17/17—18—18—18/17—16—16—16/17—18—18—18/17—16—16—16/16—15

—15—15/15—14—14—14/14—13—13—13/13—12—12—12/12—11—11—11/11—
10—10—10//10—9—9—9/9—8—8—8/8—7—7—7/7—6—6—6/6—5—5—5/5—4—4
—4/4—3—3—3/3—2—2—2/2—1—1—1/1—0—1—1/1—2—2—2//。

④送经量（纵密为7横列/cm）：

GB4：1200mm/腊克。

GB5：2000mm/腊克。

GB12：1700mm/腊克。

（3）设计要点及应用领域。该款面料利用经缎组织及色纱穿经在布面上形成曲折条纹，布面平整，适合于制作休闲内衣等。

第三节　桑皮纤维针织外套面料的开发

一、桑皮纤维小褶皱面料的开发

在现代快节奏的工作和生活中，褶皱面料通常因其蓬松自然、透气舒适和良好的延伸性而被服装设计师们运用于各类时装中，以满足人们追求放松、悠闲的心境和渴望接近自然、不受传统约束的穿着观念。同时，"褶皱"作为服装面料再设计中很重要的一种方式备受服装设计师们的欢迎。如顶级的服装设计师三宅一生，这位有着服装界哲人美称的设计大师在褶皱面料运用上造诣很高，著名的"一生褶"展示了面料二次创意的无限魅力，至今仍是面料再设计的典范。

褶皱面料常采用抽褶、堆积、弹力纱线，或机织物中绉组织等方式来实现皱褶效果。针织褶皱面料多见于弹力纱线起皱，但本书中开发的圆纬机小褶皱面料是通过组织结构的变化实现褶皱效果，突破了仅仅利用弹性纱线形成褶皱效果的面料中氨纶易老化、褶皱效果难保持的缺陷，可在服装中广泛应用和推广。圆纬机小褶皱面料又具有柔软舒适、吸湿透气、穿着无拘紧等优点，可用来制作T恤衫、连衣裙、小西装等。

1. 编织原理

（1）机器条件。

①机器：2+4双面大圆机。

②纱线：18.2tex桑皮纤维/棉混纺纱。

③机号：E24。

（2）编织图。该针织褶皱面料在2+4大圆机上，以双罗纹组织为基础进行编织。一个完全组织结构为24横列、38纵行，编织图如图9-12所示。

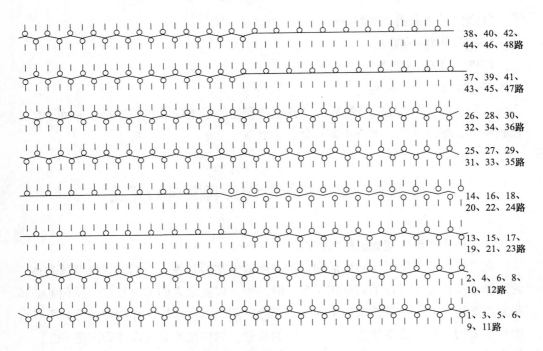

38、40、42、
44、46、48路

37、39、41、
43、45、47路

26、28、30、
32、34、36路

25、27、29、
31、33、35路

14、16、18、
20、22、24路

13、15、17、
19、21、23路

2、4、6、8、
10、12路

1、3、5、7、
9、11路

图9-12　圆纬机小褶皱面料的编织图

（3）编织工艺。该小褶皱面料在2+4圆纬机上生产，根据一个花纹循环组织结构，上针盘使用a、b两个针道，不同的花纹纵行有4个，故下针筒使用A、B、C、D四个针道，排针方式如图9-13所示，其上机三角工艺配置如图9-14所示。

路数	1	2	3	4	5	6	7	8	9	10	11	12	13	14	15	16	17	18	19
上针盘	a	b	a	b	a	b	a	b	a	b	a	b	a	b	a	b	a	b	a
下针筒	A	B	A	B	A	B	A	B	A	B	A	B	A	B	A	B	A	B	A
路数	20	21	22	23	24	25	26	27	28	29	30	31	32	33	34	35	36	37	38
上针盘	b	a	b	a	b	a	b	a	b	a	b	a	b	a	b	a	b	a	b
下针筒	B	C	D	C	D	C	D	C	D	C	D	C	D	C	D	C	D	C	D

图9-13　排针方式

路数	1	2	3	4	5	6	7	8	9	10	11	12	13	14	15	16
b	—	∨	—	∨	—	∨	—	∨	—	∨	—	∨	—	∨	—	∨
a	∨	—	∨	—	∨	—	∨	—	∨	—	∨	—	∨	—	∨	—
A	∧	—	∧	—	∧	—	∧	—	∧	—	∧	—	∧	—	∧	—
B	—	∧	—	∧	—	∧	—	∧	—	∧	—	∧	—	∧	—	∧
C	∧	—	∧	—	∧	—	∧	—	∧	—	∧	—	∧	—	∧	—
D	—	∧	—	∧	—	∧	—	∧	—	∧	—	∧	—	∧	—	∧

路数	17	18	19	20	21	22	23	24	25	26	27	28	29	30	31	32
b	—	∨	—	∨	—	∨	—	∨	—	∨	—	∨	—	∨	—	∨
a	∨	—	∨	—	∨	—	∨	—	∨	—	∨	—	∨	—	∨	—
A	—	—	—	—	—	—	—	—	∧	—	∧	—	∧	—	∧	—
B	—	—	—	—	—	—	—	—	—	∧	—	∧	—	∧	—	∧
C	∧	—	∧	—	∧	—	∧	—	∧	—	∧	—	∧	—	∧	—
D	—	∧	—	∧	—	∧	—	∧	—	∧	—	∧	—	∧	—	∧

路数	33	34	35	36	37	38	39	40	41	42	43	44	45	46	47	48
b	—	∨	—	∨	—	∨	—	∨	—	∨	—	∨	—	∨	—	∨
a	∨	—	∨	—	∨	—	∨	—	∨	—	∨	—	∨	—	∨	—
A	∧	—	∧	—	∧	—	∧	—	∧	—	∧	—	∧	—	∧	—
B	—	∧	—	∧	—	∧	—	∧	—	∧	—	∧	—	∧	—	∧
C	∧	—	∧	—	∧	—	∧	—	∧	—	∧	—	∧	—	∧	—
D	—	∧	—	∧	—	∧	—	∧	—	∧	—	∧	—	∧	—	∧

图9-14　上机三角工艺配置
∧—下针筒成圈三角　∨—上针盘成圈三角　□—浮线三角

2. **面料外观效果分析**　本圆纬机小褶皱面料突破仅仅依靠弹性纱线形成皱褶的效果，采用组织结构的变化形成小褶皱效应。一个组织循环的24个横列由48路纱线编织完成，第1~12路纱线进行双罗纹组织的编织，形成6个横列。第13~24路纱线编织时，在38个纵行的编织循环中，前20针的下针筒不参与编织，上机三角排浮线三角，后18针进行双罗纹组织的编织。这样，在该6横列的范围内，前20针中的下针筒不编织、上针盘编织，织物工艺正面的第6横列直接与第12横列进行连接，织物工艺反面在前20针范围内堆积在织物表面，形成小褶皱的效应。第25~36路的编制如同第1~12路。第37~48路纱线编织时，在38个纵行的编织循环中，前20针正常编织双罗纹组织，后18针的下针筒不参与编织，上机三角排浮线三角、上针盘编织，织物工艺正面的第18横列直接与第24横列进行连接，织物工艺反面在后18针范围内堆积在织物表面，形成小褶皱的效应。

织物的工艺反面为花纹效应面，整体呈现出双罗纹组织与局部褶皱交替的效应，花纹意匠如图9-15所示，实物展示如图9-16所示。

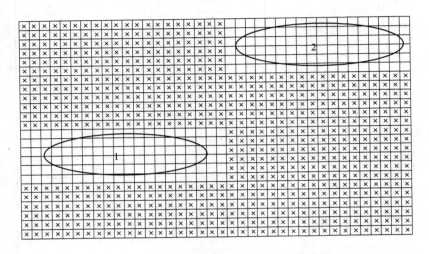

图9-15　圆纬机小褶皱面料的花纹意匠图
☒—编织　☐—褶皱

图9-16　圆纬机小褶皱面料的
实物图

3. 不同上机工艺的设计

（1）改变褶皱区域的横列数和纵行数。在该圆纬机小褶皱面料的基础上，可以通过改变褶皱区域的横列数和纵行数来取得不同的外观效应。增大褶皱区域的横列数和纵行数，褶皱的效果会明显，但是与同区域双罗纹连接的地方就越不平整，整个布面的平整度会下降。

（2）改变褶皱区域的色纱。在该圆纬机小褶皱面料的基础上，可以通过改变双罗纹编织区域和褶皱区域的色纱来形成色条纹褶皱面料。

（3）改变褶皱面料的地组织。在该圆纬机小褶皱面料的基础上，可以将双罗纹的基础组织变成单面组织。但需要注意的是，在编织褶皱部分时，需要将褶皱区织针上的线圈分一半到另一个针床，单面编织后再将线圈移回。

（4）改变褶皱区域的重叠数。在该圆纬机小褶皱面料的基础上，增加每一个褶皱区域的重叠数可以改变褶皱面料的效果。例如图9-15花纹效应意匠图中，两个褶皱区域1、2有规律的排列。若希望增强褶皱的效果，可以采用两个褶皱区域1、1、2或者1、1、1、2、2等排列方式。

4. 桑皮纤维褶皱面料的应用　桑皮纤维小褶皱面料是一款新型的圆机面料，通过改变褶皱区域的横列数和纵行数、变化褶皱区域的色纱、调整褶皱面料的地组织、增加褶皱区域的重叠数目等方法可以扩大褶皱面料的花色，一定程度满足人们对圆纬机褶皱面料多样化的需求。同时，圆纬机小褶皱面料因其独特的外观效应和独特的性能，可以制作服装、装饰用纺织品等。

二、桑皮纤维格纹毛衫外套面料的开发

随着横机技术的不断发展和成熟，毛衫外套在人们服饰选择中的比例不断增大。最近流行的"小香风"，就是集聚时尚、名媛、优雅、气质的代名词，简单地说就是香奈儿的搭配风格，其有着与世无争的淡然态度，从容的姿态使它在时尚潮流中长久不衰。

提起"小香风"，少不了经典的菱格元素。一直以来，斜纹软呢不但是香奈尔的当家招牌，也是潮流风云变幻的时尚舞台上的常青树。本文中，探讨开发了适合"小香风"气质毛衫外套用的横机格纹面料，并进行编织实践，为毛衫面料的花色开发拓展了思路。

1. 编织原理

（1）创意设计。格纹面料是在双针床横机上通过浮线、正反面规律交替等编织技术形成的。编织时正反面的规律交替作为格纹效应的纵向分界，正面浮线作为格纹效应的横向分界，这样，面料就呈现出有凹凸感的格纹效应，其花纹效应面意匠图如图9-17所示，黑框内为一个最小花纹循环。

（2）机器条件。

机器：手摇式横机。

纱线：41.7×2tex桑皮纤维/棉混纺线。

机号：9针/25.4mm。

（3）编织图。该格纹毛衫外套面料的一个花纹循环为12横列、13纵行，其编织图如图9-18所示。

（4）编织工艺。格纹毛衫面料是在横机上开发的新型面料，一个最小花纹循环由8转编织而成，前四转中每转编织两个横列，后四转中每转编织一个横列，共形成12个线圈横列。

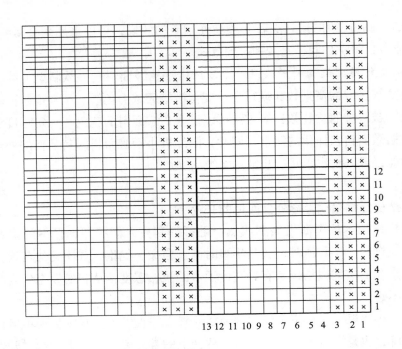

图9-17　花纹效应面意匠图

☐——织物正面长浮线，反面线圈　☒——正面线圈　☐——反面线圈

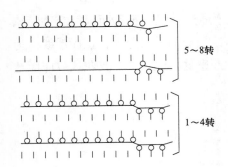

图9-18　编织图

该格纹面料在前后针床四平配针并规律排针的基础上编织，1～4转纱线编织规律相同，均为13纵行的花纹循环中前10针在后针床编织工艺反面，后3针在前针床编织工艺正面。

在13针花纹循环中，第5转前半转纱线编织时，前针床的第11针和第13针、后针床的第11针正常编织。第5转后半转编织时，后针床1～10针、前针床第12针正常编织。第9、10路纱线编织同一个横列，并且在面料的工艺正面形成长浮线。第6-8转编织如同第4转，每转编织一个线圈横列。

2. 实物及效果分析

（1）布面效果分析。该格纹面料的方格效应由3个编织前针床的纵行（图9-19中2部分）和4横列前针床的浮线（图9-19中3部分）相间呈现格纹效应。在后针床成圈的区域（图9-19中1部分）凹在织物表面，前针床纵行（图9-19中2部分）和浮线（图9-19中3部分）凸出在织物表面，格纹面料整体具有凹凸格的效应。

（2）实物展示如图9-20所示。

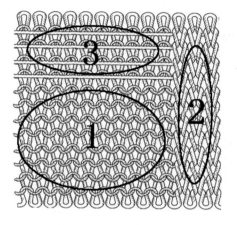

图9-19　织物效应面线圈结构图

图9-20　格纹面料实物图

3．不同上机工艺设计

（1）改变方格的大小。在格纹毛衫外套面料的开发中，可以通过调整单面后针床编织部分的横列数和纵行数（图9-19中1部分的区域）来改变方格的大小。同时，要兼顾前针床纵行数（图9-19中2部分）和浮线数（图9-19中3部分）的多少，过多或过少都会影响方格的效应。

（2）应用不同的纱线设计。格纹毛衫外套面料在编织时可通过应用不同的纱线设计来丰富织物的外观效应，如不同的色纱间隔编织等。

（3）配格变化。格纹毛衫外套面料的方格外观大小均匀，若增大最小花纹循环中的方格数，并调整每一个方格的横列数和纵行数，即可呈现外观独特的配格变化效应，在这种配格后的格纹面料中，格纹效应由几个大小不一的格子呈现，格子的数目和大小均可以进行调整和设计，如图9-21所示。

4．桑皮纤维基格纹毛衫面料的应用
格纹毛衫外套面料是一款新型的横机面料，织物正面的线圈纵行和浮线段将反面编织的线圈间隔呈现出凹凸格纹的效应。通过改变方格的大小、变换不同纱线设计、配格变化等方法可以扩大面料花色，一定程度满足人们对横机面料多样化的需求。另外，该格纹横机面料用于毛衫外套的制作，风格独特、时尚美观。

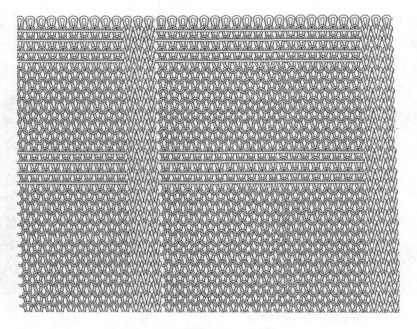

图9-21　配格后的格纹横机面料

三、桑皮纤维基单面凹凸条纹空气层保暖面料的开发

条纹是针织物特别是纬编针织物的特色表现手法，也是针织服装重要的造型元素，在横机毛衫中被广泛应用。但是，横机毛衫条纹面料外观、结构相对比较单一。一般情况下，条纹面料在编织时通过变换色纱在织物的正反两面都呈现条纹效应。而单面凹凸条纹只在面料的一面呈现出有凹凸感的条纹，另一面整体呈现其中一种色纱的颜色。

空气层面料是一种保暖性针织面料，具有保暖性好等特点。目前，市场上的空气层面料花色相对比较单调，空气层横机面料更是少之又少。随着横机毛衫外衣化、时尚化的发展，普通横机面料已无法满足人们需求。单面凹凸条纹空气层横机面料使横机毛衫发挥其保暖效果的同时，在横机面料花色开发方面亦有所突破。

1. 编织原理

（1）机器条件。

机器：手摇式横机。

纱线：41.7×2tex、两种不同颜色桑皮纤维/棉混纺线。

机号：9G。

（2）编织图。以两线圈横列交换色纱（四路一循环）横条纹为例绘制编织图，如图9-22所示。

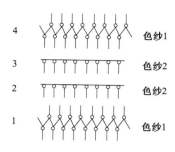

图9-22 四路一循环编织图

2. **面料外观效果分析** 两横列变化色纱横条纹面料的一个花纹循环由四路纱线编织，第1、4路由色纱1编织，第2、3路由色纱2编织。色纱1编织前、后两个针床，色纱2只在前针床编织，这样织物反面呈现色纱1的颜色，织物正面呈现由色纱1和色纱2交替两横列变换编织的横条纹。

在一个花纹循环4路纱线的编织过程中，织物正面形成四个横列，织物反面只有两个横列。织物下机后，反面的两个横列有收紧的倾向，故正面色纱2编织的两横列会凸起在织物表面，色纱1编织的横列有凹下去的感觉，面料呈现单面凹凸横条纹效应。同时，凸起在织物表面的色纱2横列与后针床编织的横列没有任何联系，形成空气层。

3. **不同上机工艺的设计**

（1）改变色纱编织的横列数。在单面凹凸条纹空气层横机面料的开发中，可以通过改变一个花纹循环中色纱1或色纱2的根数来呈现不同的外观效应。色纱2在前针床编织的线圈横列在后针床线圈横列的牵拉作用下使织物呈现凹凸空气层效应，且色纱2参与编织的根数在一定范围内越多，其凹凸空气层效果越明显。

四路一循环单面凹凸横条纹空气层面料的实物花纹效应面如图9-23所示，六路一循环单面凹凸横条纹空气层面料的编织图和实物图分别如图9-24、图9-25所示。在图9-23展示的四路单面凹凸条纹空气层面料中，由于形成凹凸条纹空气层结构的红色线圈横列只有两个，受到后针床线圈的牵拉作用后红色线圈横列有缩短的倾向，空气层结构不明显。图9-25展示的六路单面凹凸横条纹空气层面料的色纱条纹由四个线圈横列编织组成，面料凹凸感强、空气层结构明显。

（2）改变不同色纱编织横列的密度。在单面凹凸横条纹空气层面料的开发生产中，不同色纱编织线圈横列的密度发生变化，其条纹的凹凸感和空气层结

图9-23 四路一循环实物图

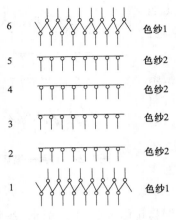

图9-24　六路一循环编织图

图9-25　六路一循环实物图

构亦会有所改变。

　　以四路编织单面凹凸条纹空气层横机面料为例，在色纱2编织线圈横列时将线圈长度放大（放小），其线圈横列密度变小（变大），凹凸效应加强（减弱），空气层明显（不明显），如图9-26所示。

　　（3）增加编织色纱的数目。单面凹凸条纹空气层横机面料在编织时可通过增加色纱的种数来丰富织物的外观效应，图9-27所示为三色纱线编织面料的线圈结构图。其中，色纱2和色纱3编织正面凹凸条纹空气层结构。

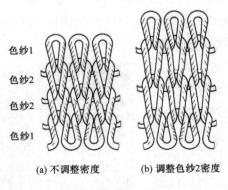

图9-26　不同线圈横列密度时织物的
正面结构图

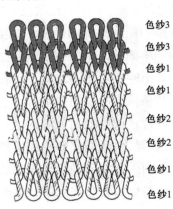

图9-27　三色纱编织结构图

　　4. 单面凹凸条纹空气层面料在改装横机上的生产　目前，我国大多数的毛衫生产企业用的还是手摇横机或者半自动横机，生产效率低而且花色面料的编织受到一定程度限制。比如在单面凹凸条纹空气层面料的编织过程中，要想增加编织色纱的数目就需要在导纱器上换纱编织；如果希望通过调节线圈横列的密度来改变面料的凹凸感，需要在每种色纱编织时调整线圈长度的大小。

经过改装、调试，在普通横机的前针床上加装了一个三角座，使横机在编织某些面料时的效率大大提高。经改装后的横机在编织单面凹凸条纹空气层面料时能同时穿两根纱线进行编织，而且前针床两个三角可以设置不同的密度。比如，前针床上的前三角穿蓝色纱线，后加装的三角穿红色纱线，预设一定密度后编织。前三角在两个针床都成圈，后加装的三角只在前针床成圈，机头半转后织物正面编织两横列，先形成蓝色线圈横列后形成红色线圈横列，而织物反面只编织一个蓝色线圈横列，如图9-28所示。机头拉回时，前针床先编织红色线圈横列后编织蓝色线圈横列，织物反面形成第二个蓝色线圈横列。横机一转，完成一个四路编织单面凹凸条纹空气层循环，普通横机需要两转完成。

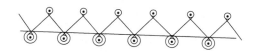

图9-28 改装后横机半转编织图

改装后的横机在编织单面凹凸条纹空气层面料时非常方便，但多横列条纹也受前针床三角座数目的限制，如果把前针床的三角座加装到三个，如图9-29（b）所示，且前针床三个三角座对应的导纱器分别穿色纱1、色纱2、色纱2，就可以轻松完成六路循环单面凹凸条纹空气层面料的编织。

(a) 前针床加装三角座机器图

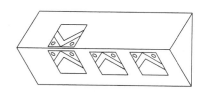

(b) 前针床加装两个三角座示意图

图9-29 普通横机加装三角座示意图

5. 桑皮纤维单面凹凸空气层面料的应用 单面凹凸条纹空气层面料是一款新型的横机面料，通过改变色纱编织线圈横列的数目、调整线圈横列密度、增加编织色纱种类等方法可以扩大面料花色，一定程度满足人们对横机面料多样化的需求。

另外，在前针床加装三角座的改装横机上进行单面凹凸条纹空气层面料的编织能够极大提高编织效率。

四、桑皮纤维时尚毛衫面料的开发

1. "新竹"横机小样的开发

（1）创意设计。"新竹"横机小样是在四平针地组织的基础上通过抽针、收放针、移圈等编织技术形成组织花型的。编织时前后两针床的同时移圈，改变了传统单针床移圈的风格，两针床移圈针数的不同又形成了近似经编织物六角网眼的效果。同时，多次编织的网眼组织横列形成类似竹节的花型，其花纹效应面意匠图如图9-30所示。

图9-30 花纹效应面意匠图
■—四平针 ▨—纬平针 □—镂空

选用41.7tex×2的桑皮纤维/棉混纺线为原料编织，吸湿性强，弹性、保暖性好，不易污染，光泽柔和。机号为9针/25.4mm。

（2）上机工艺设计。小样规格尺寸设计为40cm×30cm，横机针床上为100针，现以一个花纹循环20针说明其编织过程。

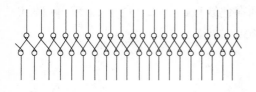

图9-31 第1横列编织图

①起口。第1横列，四平针（满针罗纹）起口，后空转1转，编织图如图9-31所示。

②移圈。图9-32所示为第2～9横列的编织，图中织针上未成圈部位代表移圈，表示分别将所在位置的线圈移到相邻的织针上。编织前先进行移圈，移完后，正常编织两转，即第2、3横列，然后重复第2、3横列的编织三次。

③翻针。从第10横列开始，将前针床的织针用翻针板全部翻到后针床，开始编织中间部分的花型，其编织图如图9-33所示。

④放针和收针。"新竹"面料的中间花型部分是通过收针和放针的变化组合形成的，其下半部分的花型意匠图如图9-34所示。

后针床在编织单面纬平针的基础上，以每20针处为分界点，开始往两边放针。

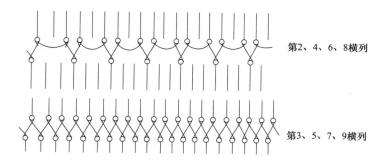

第2、4、6、8横列

第3、5、7、9横列

图9-32　第2～9横列的编织图

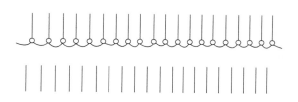

图9-33　第10横列编织图

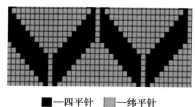

■—四平针　▨—纬平针

图9-34　花型意匠图（下半部分花型）

每次两边各放一针，每放一针转一转，编织从第11横列到第16横列部分，其编织图如图9-35所示。

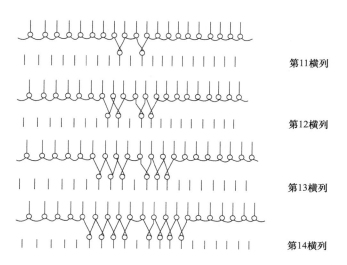

第11横列

第12横列

第13横列

第14横列

图9-35

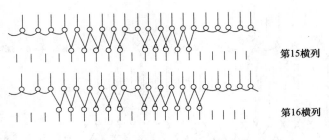

第15横列

第16横列

图9-35　第11~16横列的编织

从第17横列开始，前针床在继续放针的同时，每20针分界点处也开始往两边收针，每次两边各收1针，完成17~19横列的编织，其编织图如图9-36所示。

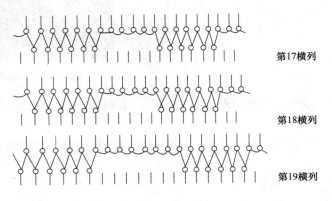

第17横列

第18横列

第19横列

图9-36　第17~19横列编织图

从第20横列开始停止放针，收针规律不变，完成20~24横列的编织，其编织图如图9-37所示。

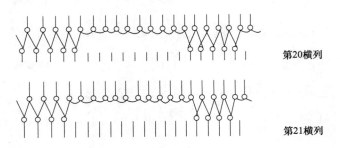

第20横列

第21横列

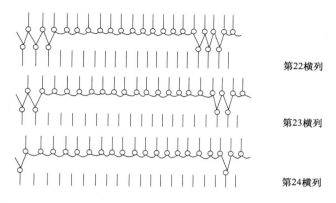

图9-37　第20~24横列编织图

⑤上半部花型编织。上半部花型的编织与下半部花型的编织恰巧相反，从第24横列开始，编织规律同上述④、③、②的过程，上半部分花型的意匠图如图9-38所示。

（3）实物小样展示。从视觉效果上来看，该小样的花型是在纬平针组织反面的基础上形成的，也就是织物反面为花纹效应面。多行镂空横列加之以收放针和移圈等表现手法形成的竹叶花型，使面料极具凹凸效应。面料风格清新爽洁、大方得体，细微处透露出"一花一草皆生命，一枝一叶总关情"的韵味，立体效果明显。"新竹"面料小样的实物如图9-39所示。

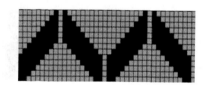

图9-38　花型意匠图（上半部分花型）
■—四平针　▇—纬平针

图9-39　"新竹"面料小样实物图

2. "树韵"横机小样的开发

（1）创意设计。绿色环保是当前社会的关注点，"后世博"时代，更应该践行低碳经济。在四平针与纬平针组织间隔为地组织的基础上通过移圈、抽针等变化编织形式展示出来的"树韵"图案不仅时尚美观，更寓意绿色、环保、低碳。

　　选用41.7tex×2的桑皮纤维/棉混纺线为原料编织，吸湿性强，弹性、保暖性好，不易污染，光泽柔和。机号为9针/25.4mm。

　　（2）上机工艺设计。"树韵"小样的一个花纹循环花高为28横列，花宽为22纵行。下面以一个花纹循环简述其花纹上机编织设计。

　　满针四平针起口编织一转后每个花纹循环22纵行中，每11个纵行交替以四平针或纬平针为地组织进行花纹编织，且每14个横列后地组织进行互换。通过移圈，按照图9-40所示的其正面花型意匠图在地组织上进行编织，形成"树韵"图案。

　　（3）实物小样展示。"树韵"小样面料的地组织是四平针和纬平针组织的间隔规律排列，单双面组织的变换使得织物凹凸感明显，在双面组织上形成的花型有外凸的感觉，而单面纬平针组织基础上形成的花型会内凹。纬平针组织做布边的部分织物有卷边的倾向，这更增添了织物的凹凸效应和柔美的感觉。同时，移圈组织形成的网眼"树韵"图案，使面料别具一格、清新自然，"竹韵"面料的实物小样如图9-41所示。

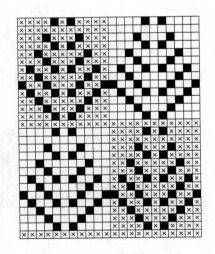

图9-40　正面花型意匠图

⊠—纬平针地组织　□—四平针地组织　■—移圈

图9-41　"树韵"面料小样实物图

3. 透孔"波纹"横机小样的开发

　　（1）创意设计。随着横机毛衫朝着时装化、多样化的方向发展，横机面料的组织结构变化也越来越多。透孔"波纹"横机小样就是通过抽针浮线形成通透的效果，同时结合扳针产生曲线效应，简单中充满节奏，展示现代生活的变换与多样。

选用41.7tex×2的桑皮纤维/棉混纺线为原料编织，吸湿性强，弹性、保暖性好，不易污染，光泽柔和。机号为9针/25.4mm。

（2）上机工艺设计。该面料在编织时主要采用抽针、移圈、收放针等编织技术。起口时，前后针床满针排针并且针槽相间排列，每起6根织针后间隔10针不参与编织。起口后，在不参与编织的10根织针区域内，依次从左到右起针，每平摇一转起一根针，且上一针的线圈移圈到当前织针上，同时，上一根织针退针。十转后，起针方向变为从右向左，直到花纹循环结束，织物正面意匠图如图9-42所示，一个花纹循环花宽为14纵行，花高为19横列。

（3）实物小样展示。经过上机试织，透孔"波纹"横机小样实物如图9-43所示。通透与波纹效应的融合，诠释了横机面料的轻盈与柔美，也展开了横机面料发展的新篇章。

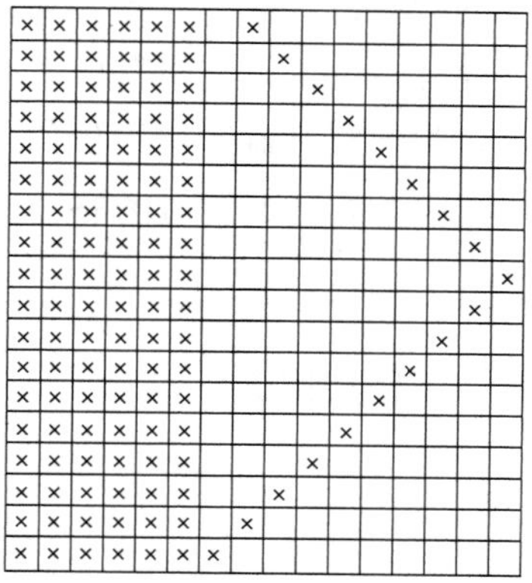

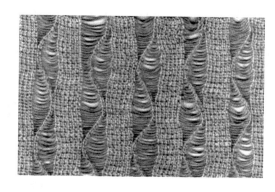

图9-42　透孔"波纹"织物正面结构意匠图
⊠—编织　□—抽针

图9-43　透孔"波纹"面料小样

横机毛衫时装化、多样化的发展对其面料、组织都提出了更高的要求。针对当前横机毛衫的变化与发展，本文在手摇横机上开发实践了几款时尚横机毛衫面料小样，其新颖的组织结构、美观大方的外观效果，一改传统横机毛衫的单调、普通，展示出当代毛衫时尚、柔美的发展趋势。

在实践生产中，可以直接应用文中开发的几款小样组织进行整体毛衫的制作，也可以有选择性地应用于毛衫局部，或者针对毛衫的整体风格进行组合应用。当然，也还有更多的毛衫组织纹样值得进一步开发和生产。

第十章　桑皮纤维非织造材料及产业用纺织材料的开发

随着生态环境问题的日益加剧，人们对生存和质量的要求越来越高，对开发具有环保性能的天然纤维及其相应的纺织品已成为当前研究的一项热点，石油等能源资源的枯竭老龄化的日益严重，更加促进了对天然纺织纤维材料纺织品的需求量日渐加大，因此，对纺织品的保健、抗菌、可降解性能的要求越来越高。桑皮纤维是一种新型的高附加值的纯天然绿色纤维，具有优异的吸湿透气性、保暖性和良好的抑菌性能，并可生物降解，其光泽良好手感柔软，此外在中国具有极其巨大廉价的桑皮原料市场，这为桑皮纤维产品的开发提供了优良的原料基础和使用价值，因此以新型纤维—桑皮纤维为原材料，以其生态功能性必将会有巨大的市场前景。

第一节　桑皮纤维非织造布的开发

一、桑皮纤维前处理

1. **桑皮开纤处理**　将剥取后的桑皮放在标准大气（20℃；相对湿度65%）调湿处理4h后，放在微波纺织品烘干设备中进行微波处理，0.6kW微波的功率下处理60s，每10s要翻动一下桑皮或者将桑皮铺放的薄而均匀些，拿出后用人工捶打后使桑皮初步分解为束状纤维。

2. **去杂处理**　将束状纤维按照浴比1:20的比例浸入60℃的稀硫酸溶液中，稀硫酸的浓度为1g/L，60min后取出；将浸渍酸后的桑皮纤维水洗后，按照浴比为1:15的比例浸入90℃的碱溶液中，碱溶液中氢氧化钠的浓度为10g/L，三聚磷酸钠的浓度为50g/L，水玻璃的浓度为40g/L，4h后取出；将碱煮后的桑皮纤维水洗后按照浴比为1:20的比例浸入55℃的碱性果胶溶液中，用稀硫酸将碱性果胶溶液的pH调到9左右，碱性果胶溶液中碱性果胶的质量分数为4%左右，处理4h后取出烘干至恒重备用。

3. **漂白处理** 采用氧漂的方法对去杂后桑皮纤维进行漂白处理，氧漂的具体工艺处方如下：浴比1：20，H_2O_2（质量分数为100%）2.5g/L，烧碱（质量分数为100%）1.5g/L，水玻璃5g/L，磷酸三钠7.5g/L，表面活性剂JFC10g/L，硫酸镁0.59g/L，温度25℃，处理时间30min。

4. **柔软处理** 将漂白后的桑皮纤维水洗后按照浴比为1：20的比例浸入常温GY-SF-62柔软剂溶液中，用冰醋酸酸性缓冲液将柔软剂溶液的pH调到5，GY-SF-62的浓度为3%（质量分数），60min后用冷水冲洗2次脱水后，放入80℃恒温烘燥箱烘燥6h至恒重备用。处理前后桑皮纤维的表观性能如图10-1所示，处理前后桑皮纤维的各项性能见表10-1。

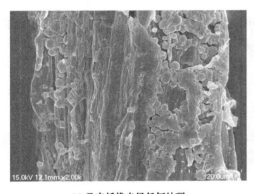

(a) 桑皮纤维未经任何处理　　　　　　　(b) 桑皮纤维完全处理后

图10-1　桑皮纤维的微观结构

表10-1　桑皮纤维的性能

样品	平均长度（mm）	平均细度（dtex）	断裂强度（cN/dtex）	断裂伸长率（%）	初始模量（cN/dtex）
桑皮纤维（处理前）	18.6	3.4	4.13	4.39	91.7
桑皮纤维（处理后）	23.1	2.3	6.07	3.83	154.6

结合图10-1和表10-1可知，处理之前桑皮纤维表面覆盖有大量的半纤维素、木质素、果胶及其他物质，纤维表面显得很粗糙，处理之后，桑皮纤维表面的各种杂质基本被去除而趋向光滑，且纤维直径变细。经过处理之后，桑皮束状纤维逐步分

离成单根纤维，纤维的断裂强度和初始模量明显增大，但断裂伸长率明显下降，其主要原因在于处理之后的纤维结晶度和稳定性显著提高。

二、非织造布生产主要技术措施

为降低生产成本，直接采用棉纺的开清、梳理设备，桑皮纤维经过抓棉机抓取后进入两次自由打击式开棉机（FA106A型梳针辊筒）进行开松后直接通过FA177A清梳联喂棉箱将桑皮纤维喂入SW-63型气流成网机上，并进行水刺加固而成所需产品。由于桑皮纤维较短，因此在设备选取及工艺流程上与棉有一些不同，水刺医用非织造布的生产工艺流程为：桑皮纤维抓取→开松1→开松2→梳理→气流成网→水刺一道→水刺二道→烘燥。

1. **开清工序** 为了尽量减少对桑皮纤维的损伤以及避免出现过多的桑皮纤维变为落棉，开清工序只采用一台抓棉机和两台梳针式开棉机，且开棉机的工艺参数需进行相应的调整。开清总体工艺遵循"短流程、多松少打、少落、隔距偏小"的工艺原则。

FA002型抓棉机的具体工艺：抓棉打手伸出肋条的距离为3mm，抓棉打手间歇下降的距离2mm，抓棉打手的转速为850r/min，抓棉小车的运行速度0.9r/min。

FA106A型梳针辊筒开棉机的具体工艺：给棉罗拉转速35r/min，打手转速480r/min，打手与给棉罗拉隔距7mm，打手与尘棒之间的隔距进口10~12mm，出口16~18mm，尘棒之间的隔距进口13~15mm，中间8~10mm，出口6~7mm。

2. **梳理工序** 由于桑皮纤维较短，必须对原有的梳棉设备进行相应的改装，产生较少的梳棉车肚落棉，如图10-2所示，刺辊下面取消分梳板及小漏底，用小弧形光板取代，以减少桑皮纤维落入车肚；另外将活动盖板上的每块盖板反装，

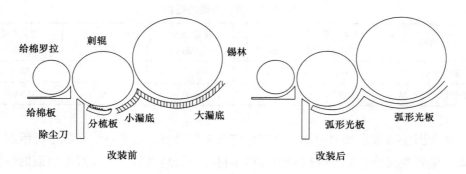

图10-2 梳理设备

这样能降低活动盖板上的盖板花来减少桑皮纤维短绒的排出；锡林下面的大漏底也改装为大弧形光板。刺辊与给棉板隔距0.23～0.25mm，刺辊与除尘刀的隔距0.3～0.4mm，弧形光的与刺辊的隔距0.3～0.4mm，锡林与三块后固定盖板的隔距从机后到机前分别为0.45mm、0.40mm及0.3mm。锡林与活动盖板的隔距由进口到出口为0.23mm、0.20mm、0.18mm、0.18mm、0.20mm。大弧形光板与锡林的隔距0.3～0.4mm。

　　3. 气流成网工序　气流成网后形成的纤维网呈三维杂乱排列，纵横向强力差异小，基本显示各向同性，但需要控制好气流成网的均匀度，如剥离纤维的气流速度，气流中纤维流的浓度以及输送流体的速度及方向。此外，还需要控制好成网帘的凝聚条件。由于桑皮纤维偏短，采用气流成网可在一定程度上来弥补桑皮纤维成网困难的问题。气流成网的主要工艺参数为：锡林转速330～360r/min，风轮转速2500～2700r/min，成网机的输送帘速度40～50m/min，采用全闭的送风方式即只利用轴流吸风机来吸附纤维，输棉风道中气流风速控制在3.8～3.9m/s，轴流吸风机转速控制在750～800r/min。

　　4. 水刺工序　水刺法是通过极细的高压水流对桑皮纤维网进行连续喷射，在水力作用下使纤网中纤维运动、位移，重新排列后相互缠结，使纤网得以加固而获得一定的物理力学性能。影响桑皮纤维网水刺效果的因素有水针的压力、水针直径、水针的排列密度及输网帘的速度等。水刺过程中，纤网内部纤维缠结效果的好坏与单位纤网吸收的水的能量的多少有关，单位纤网吸收能量的多少，很明显除受生产速度、水的能量等因素影响外，最主要的影响因素就是水的压力，水的压力越高，产生的水刺能量也越高。为了更好地利用水的能量且降低生产成本，水刺头的压力由后向前逐级增大。水针的直径选择与纤维网的定量、纤维性能及产品性能，另外，水刺道数也会有影响，由于本次开发的产品属于轻定量，因此水针头直径前道控制在0.10mm，后道控制在0.08mm，第一道为正面水刺，第二道为反面水刺。水针排列的密度都设计为20个/cm。水刺头的压力设计见表10-2。

表10-2　水针压力设计

纤网定量（g/m²）	第一道水针压力（kPa）			第二道水针压力（kPa）		
	1	2	3	4	5	6
38～40	1500	3600	5200	3600	4200	7600

5. **烘燥工序** 经过水刺加固的桑皮纤维网，经过真空吸水后，仍然含有大量的水，因此必须通过烘燥工序去除余下的水分，并最终使产品稳定。烘燥采取热风穿透式烘燥设备，热风烘燥的温度为120℃，烘燥速度与水刺加固输送网帘的速度一致。经烘燥后可以发现，桑皮纤维非织造产品手感柔软，表面无明显极光。

由于桑皮纤维相对较短，因此在开清及梳理工序中要严格控制好各部件的转速及其隔距的配合，尽量减少车肚落棉。另外，在梳棉改装设备上要避免纤维在锡林和刺辊三角区域发生阻塞。通过气流形成的纤维网纵横向差异较小，有利于提高产品的质量。

第二节 桑皮纤维成膜装置的开发

含胶类纤维主要指植物韧皮纤维和蚕丝纤维。植物韧皮纤维主要有麻类纤维和木本植物韧皮纤维，如苎麻、亚麻、罗布麻、大麻、桑皮纤维、锦葵茎皮纤维、椴树纤维、葛藤茎皮纤维等，这些植物韧皮主要有纤维素、半纤维素、木质素和果胶组成；蚕丝纤维主要有桑蚕丝、柞蚕丝、蓖麻蚕丝等，其主要由丝素和丝胶组成。在纺织业上，这些含胶类纤维在使用之前必须经过脱胶处理去除胶质提取纤维，以达到纺纱织布的目的，但由于脱胶工序较长而降低了其附加值，即便如此，胶质也很难被完全去除。对于此类含胶纤维，可以利用纤维不完全脱胶后残留的胶质将纤维固结成膜（网）作为一些非织造产品，如桑皮纸、锦葵茎皮纸、蚕丝面膜等，可作为一些包装及护肤产品，这些产品减少了加工工序，同时可以很好地利用胶质的附加作用，如桑皮果胶的抗菌、锦葵果胶的保健作用以及蚕丝丝胶的亲肤作用等，因此产品的附加值大大提高。目前这类产品的加工主要采用筛网法，采用木质或金属质框架及过滤网形成筛网，将经过前期脱胶处理的纤维平铺在筛网里，然后浸入水中，手工作用摇摆以使纤维网铺平，然后慢慢从水中将筛网水平提起，滤掉水分，自然晾干，再将纤维膜揭下来便形成一张完整的纤维膜。但这种方法耗费时间较长，生产效率极低，且劳动强度大，不利于产业化，所得到的纤维膜存在明显的厚薄不匀且局部易出现明显的孔隙，由于纤维由外至内自然晾干，使其产生明显的"皮芯"结构，影响产品的最终用途。由于整个过程需要大量水的参与且不能回收利用，而且胶质会混入水中，造成水资源的浪费及污染，不符合现代纺织工业清洁化、低碳生产的理念。

一、含胶类纤维成膜装置的设计思路与工作原理

1. 设计思路　含胶类纤维成膜装置（图10-3）包含一个发生釜。发生釜底部和侧面分别固装有超声波振荡器和红外发生器，发生釜上端为纤维放置口。发生釜内部有多个多层孔板，多层孔板放置在发生釜内壁左右水平固装的搁架上。发生釜通过管道分别与过滤器、循环泵、阀门连接，阀门通过管道与净化釜连接。净化釜上设置一个沉淀剂添加口，净化釜上固装一个搅拌器。净化釜通过管道分别与阀门、滤胶器连接，滤胶器通过管道与回收釜连通。回收釜再通过管道分别与循环泵、计量泵和阀门连接，阀门通过管道与发生釜连接。上述所涉及电路均为已知或通用。

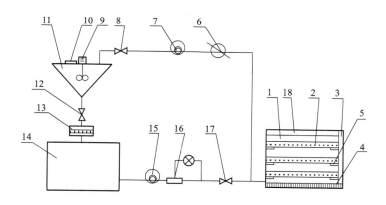

图10-3　含胶类纤维成膜装置结构示意图

1—发生釜　2—多层孔板　3—红外发生器　4—超声波振荡器　5—搁架　6—过滤器
7、15—循环泵　8、12、17—阀门　9—搅拌器　10—沉淀剂添加口　11—净化釜
13—滤胶器　14—回收釜　16—计量泵　18—纤维放置口

2. 工作原理　含胶类纤维成膜时，首先关闭所有阀门，从纤维放置口将经过脱胶预处理的一定质量的纤维分别平铺均匀放在多层孔板上，多层孔板上有均匀分布的微孔，其规格为：其目数 [25.4mm（1英寸）宽度的筛网内的筛孔数] ≥400（目/英寸），在发生釜中注入适量纯净水，水位应高于最上面的多层孔板上的纤维，打开超声波振荡器，超声波振荡器频率为20~80kHz，功率为1~2kW。超声波振荡器内的超声波发生器把低频交流电转换成与超声波换能器相匹配的高频交流电信号。超声波换能器在超频率范围内将交变的电信号转换为高频机械振动。利用高频机械振动在纤维表面所产生的"空化"作用使脱胶液更容易扩散到纤维之间的

空隙和微孔之中。同时使纤维进行微移，以达到均匀平铺的目的。待纤维均匀平铺后，打开阀门，发生釜中水在循环泵的作用下经过滤器过滤，滤除纤维成膜过程中从多层孔板上带下的纤维及其他非纤维性杂质，经阀门进入到净化釜内，从而使发生釜中水与纤维膜分离。关闭阀门，打开红外发生器对多层孔板上的纤维膜进行快速烘燥，红外发生器功率为1~2kW，温控范围为50~300℃，红外线发生器所产生的电磁波以光速直线传播到达纤维表面，当红外线的发射频率和纤维内大分子运动的固有频率（也即红外线的发射波长和纤维内大分子的吸收波长）相匹配时，引起纤维中大分子强烈振动，在纤维的内部发生激烈摩擦产生热从而快速均匀干燥纤维，由于加热均匀，产品外观、机械性能等均大大提高。待纤维膜烘干后便可依次从多层孔板上揭下来进行使用。从沉淀剂添加口向净化釜中加入适量乙醇，打开搅拌器，将循环水中的胶质充分沉淀。打开阀门，胶质经沉淀后的循环水经阀门进入到滤胶器，经滤胶器过滤后的循环水回流到回收釜中，待下次进行纤维成膜时，打开阀门，回收的循环水在循环泵的作用下，经计量泵、阀门又进入发生釜中，重复上述过程可进行纤维成膜。

二、桑皮纤维膜的制备

采用上述装置，以经过脱胶预处理后的平均长度为20mm，平均线密度为1.5dtex的桑皮纤维成膜为例。

1. **纤维的放置及超声波振荡平铺** 关闭所有阀门，所需制成的桑皮纤维膜的厚度为0.2~0.3mm，据此称取15g经过脱胶预处理的含胶桑皮纤维，将桑皮纤维从纤维放置口18放入发生釜1内的3个多层孔板2上，多层孔板2上有均匀分布的微孔，其规格为：其目数〔25.4mm（1英寸）宽度的筛网内的筛孔数〕为450（目/英寸），桑皮纤维平铺均匀。在发生釜1中加入100L纯净水，水位应高于最上面的多层孔板2上的纤维，利用频率为20kHz，功率为2kW的超声波振荡器4对纤维层进行高频机械振动，时间为0.2h，利用高频机械振动在纤维表面所产生的"空化"作用使脱胶液更容易扩散到纤维之间的空隙和微孔之中；同时使纤维进行微移，以达到均匀平铺的目的。

2. **循环水的分离** 待桑皮纤维均匀平铺后，打开阀门8，发生釜1中水在循环泵7的作用下经过滤器6过滤。滤除纤维成膜过程中从多层孔板上带下的纤维及其他非纤维性杂质，经阀门8进入到净化釜11内，从而使发生釜1中水与纤维膜分离。

3. **纤维膜的烘燥** 关闭阀门8，打开红外发生器3对多层孔板2上的纤维膜进行快速烘燥，时间为0.2h，温度为100℃，红外线发生器3所产生的电磁波以光速直线传播到达纤维表面。当红外线的发射频率和纤维内大分子运动的固有频率（也即红外线的发射波长和纤维内大分子的吸收波长）相匹配时，引起纤维中大分子强烈振动，在纤维的内部发生激烈摩擦产生热从而快速均匀干燥纤维，由于加热均匀，产品外观、机械性能等均大大提高。待纤维膜烘干后便可依次从多层孔板2上揭下来进行使用。

4. **循环水的净化、回收**　从沉淀剂添加口10向净化釜11中加入适量乙醇，打开搅拌器9，将循环水中的胶质充分沉淀。打开阀门12，胶质经沉淀后的循环水经阀门12进入到滤胶器13，经滤胶器13过滤后的循环水回流到回收釜14中，待下次进行纤维成膜时，打开阀门17，回收的循环水在循环泵15的作用下，经计量泵16、阀门17又进入发生釜1中，可供下次纤维成膜使用。

所得的桑皮纤维膜，采用织物厚度仪按照GB/T 3820—1997《纺织品和纺织制品厚度的测定》测定其平均厚度为0.24mm，厚度不匀率为1.3%；采用织物强力仪按照GB/T 3923.1—2013《纺织品　织物拉伸性能　第1部分：断裂强力和断裂伸长率的测定（条样法）》测定其拉伸断裂强力为220N，强力不匀率为2.7%，因此，所制成的桑皮膜厚度均匀，且强力大，强力不匀率也低。

三、桑皮胶质的提取及其应用

目前全世界果胶的年需求量近2万吨，据有关专家预计果胶的需求量在相当长的时间内仍将以每年15%的速度增长。我国每年消耗约1500吨以上果胶，80%依靠进口，需求量与世界平均水平相比呈高速增长趋势。据相关文献报道，桑皮纤维脱胶去除的果胶物质具有抗癌、防辐射等作用。果胶是白色或淡黄色的非晶形粉末，无味易溶于水，微酸性，具有良好的胶凝化和乳化稳定作用，在食品、医药、纺织及日化等行业具有重要意义。因此，大力开展果胶的研究与开发，探索提高果胶产量和质量的新方法和新资源，不仅能为我国食品加工领域广泛地应用优质果胶提供理论依据，而且将推动国产果胶生产的发展。

以桑皮为原材料，将桑皮纤维碱脱胶后的废弃液作为提取液，采用迅速简单的方法提取桑皮果胶具有较高的研究价值。桑皮果胶的提取步骤如下。

1. **桑皮纤维提取后废液的中和与除杂**　将脱胶后的废液趁热过滤，脱胶液先用脱脂棉过滤2次去除碎屑，再以滤纸过滤取滤液即提取液。将提取液中和至中性，往提取液中不断滴入酸至提取液中pH为7左右为止，待用。

2. 桑皮果胶的提取工艺流程 加热浓缩→醇沉→果胶沉淀→烘干→桑皮果胶。

（1）加热浓缩。量取100mL经上述步骤1处理过的脱胶废液，并对其加热进行浓缩，浓缩至20~25mL。

（2）沉淀。将上述浓缩后的脱胶废液，加蒸馏水定容至30mL，加入180~210mL（6~7倍体积）95%乙醇，轻轻搅拌均匀，静置、沉淀、过滤，滤渣以95%乙醇冲洗4~5次尽量洗去残余色素，80℃恒温鼓风干燥1.5~2h，烘干备用。

第三节　桑皮纤维增强复合材料的开发

一、天然植物纤维增强复合材料的性能与特点

纤维增强聚合物复合材料是指用纤维作为填充相添加到聚合物基体材料（可以是热塑性也可以是热固性聚合物材料）中，利用基体与纤维之间的协同作用，不仅能提高复合材料的机械强度和弹性模量，还可提高其热变形温度，并可能在电、磁、热等方面赋予其新的性能。传统纤维增强聚合物复合材料一般采用无机纤维如玻璃纤维、碳纤维等，有机纤维如Kevlar纤维，超高分子质量聚乙烯纤维、高强涤纶纤维等做为增强相，纤维可以是长纤维，也可以用短切纤维或编成织物使用。

近年来随着人们环境和资源保护意识的增强，石油等不可再生资源危机的凸显，传统玻纤类聚合物复合材料在加工过程中（如挤出、注塑成型时）对设备磨损较大，加工和使用时容易对人体造成过敏反应，尤其是被操作人员吸入后会极大地危害其身体健康，加工过程中会耗费大量能源，废料处理也存在着诸多问题。另外，目前碳纤及部分有机纤维如Kevlar纤维、超高分子量聚乙烯纤维等价格仍比较高，只能适用于某些特殊领域。由于天然植物纤维如桑皮纤维、木材、竹子、椰壳、麻、棉等具有质轻、可生物降解、价廉易得及可再生等诸多优点，作为增强相在聚合物复合材料中应用时较之玻璃纤维、碳纤维类合成纤维具有独特的潜在优势，主要体现在以下几个方面。

（1）天然植物纤维资源丰富，可再生性好，价格低廉。

（2）具有较高的弹性模量，密度比所有无机纤维都小，可以较大幅度降低复合材料的重量，尤其是在汽车工业等领域应用时可实现减重节能的目的。

（3）与传统玻璃纤维充填类聚合物复合材料相比，天然植物纤维充填聚合物

复合材料对环境造成的影响较小，复合材料的可再生循环利用性较好。另外，如果要达到与玻璃纤维类复合材料相同的性能，所需天然纤维含量增高，间接减少了聚合物基体的用量，能在一定程度上降低对环境可能造成的污染。

（4）与玻璃纤维相比，天然植物纤维在物料混合、废料回用及复合材料成型过程中对设备的磨损小得多。

（5）纤维焚烧及降解以后会生成可循环能源，不会对环境造成危害。

二、天然植物纤维增强复合材料的应用

目前以天然植物纤维作为增强相制得的聚合物复合材料已经在汽车工业、室内装饰、日常生活及包装等领域有了一些工程实践及应用。

1. **汽车工业**　目前，植物纤维（主要是麻类）纤维增强复合材料在汽车工业上的用量占汽车总质量的8%～12%。其主要应用在内饰件如车内饰门板、司机用杂物箱、货车车厢地板、座位靠背、仪表板、座椅扶手、车顶内饰、遮阳板等；外饰件如散热格栅、镜框、牌照板、饰标、行李舱装饰板、备胎盖等部件。这种天然纤维填充物复合材料生产的汽车配件，在发生事故时不会产生尖锐的碎片，也不会像玻璃纤维那样会引起皮肤及呼吸道的过敏反应，使用非常安全；制成的内饰板可使最终重量减轻20%，因此汽车的油耗和废弃排放大大降低；与玻璃纤维相比，加工工艺简单，减少生产工序，可降低成本20%左右。德国BASF公司将黄麻、亚麻、剑麻与聚丙烯基体复合，生产的制品重量比玻璃纤维热塑性复合材料轻17%；Benz、Ford、Volvo、Citroen等公司均已将上述复合材料应用于其汽车零配件中，此类复合材料有着广阔的应用前景。

2. **建筑工业**　植物纤维纤维增强复合材料由于具有不易变形、防虫蛀、防鼠咬、耐久性好、使用寿命长、不腐烂等优点，在建筑工业亦有广泛的应用。如房屋建筑上的结构板、公园的座椅、地板、百叶窗、壁板和墙板等。又如利用洋麻纤维开发的复合纤维板以及无黏胶剂的杆芯板，因其隔音性能好、隔热能力强，已部分取代胶合板、中密度板等木质材料，应用到建筑业和家具制造业等行业。

3. **家居产品**　植物纤维增强复合材料在家居用品上的应用包括洗浴设施、椅子、简易储物架、托盘等。刘丽妍等利用亚麻纤维的可纺性，与PP纤维通过捻合形成PP包覆亚麻的混合纱结构，将所得混合纱线进行平纹布的织造，选取5层作为铺层数，在热压机上进行热压复合制得亚麻/PP复合材料。该材料拉伸性能较好、质地轻薄、健康环保，可用于家具行业。

4. 农业 在农业领域，可以制成植物纤维（如麻）地膜代替原有的塑料地膜，其最显著的优点是环保可降解、透气保湿、减轻病害和促进增产。塑料薄膜要超过100年才能降解，而且降解过程中产生的毒素会破坏土壤环境结构，阻碍农作物对水肥的吸收。在温度升高的夏秋季，植物纤维（如麻）地膜覆盖的土壤少有高温烧苗和潮湿烂根现象。因此，使用植物纤维（如麻）地膜的地块，病害较少。

5. 其他领域 植物纤维纤维增强复合材料还可用于造纸业、军事航空、高速公路隔音板、船舶橱柜和隔舱等。如采用缠绕技术加工而成的麻纤维增强的热固性复合材料在各种传输管道及工业管道上已有大量的应用，日本电气公司在2004年已将洋麻/聚乳酸复合材料应用在部分手提电脑上。

21世纪是环保的世纪，随着人们环保意识的增强，各行各业特别青睐"绿色"。因此，作为"绿色产品"的植物纤维纤维增强复合材料将有广阔的发展前景。

桑皮纤维是由桑枝韧皮提取的一种新型天然纤维素纤维，性能优良。由表10-3桑皮纤维与其他几种纤维的力学性能对比知，桑皮纤维在复合材料上的应用具有可行性。

表10-3　几种纤维的力学性能比较

纤维名称	密度（g/cm³）	断裂伸长率（%）	拉伸强度（MPa）	拉伸模量（GPa）	比强度
桑皮纤维	1.4	4.0 ~ 4.9			
黄麻纤维	1.3	1.5 ~ 1.8	393 ~ 773	26.5	302 ~ 595
亚麻纤维	1.5	2.7 ~ 3.2	345 ~ 1035	27.6	230 ~ 690
苎麻纤维	1.5	3.6 ~ 3.8	400 ~ 938	61.4 ~ 128	267 ~ 625
剑麻	1.5	2.0 ~ 2.5	511 ~ 635	9.4 ~ 22.0	341 ~ 623
玻璃纤维	2.5	2.5	2000	70	800 ~ 1400

对桑皮纤维增强热塑性复合材料进行研究，分别制备了桑皮纤维质量分数为10%、20%、30%、40%和50%的桑皮纤维增强聚丙烯基复合材料，研究了桑皮纤维含量对该复合材料拉伸性能和弯曲性能的影响，该研究中，聚丙烯记作PP，桑皮纤维记作M，数字表示桑皮纤维的质量分数，如MPP10表示桑皮纤维的质量分数为10%，聚丙烯基体的质量分数为90%。研究结果表明：随着桑皮纤维含量的增加，

桑皮纤维聚丙烯基复合材料的拉伸强度和弯曲强度均呈现先增加后降低，桑皮纤维含量在40%时达到最大值，如图10-4所示；随着桑皮纤维含量的增加，桑皮纤维增强聚丙烯基复合材料的拉伸模量逐渐增大，而弯曲模量先增大后减小，在桑皮纤维含量达40%时达最大值，如图10-5所示；随着桑皮纤维含量的增加，桑皮纤维增强聚丙烯基复合材料的断裂伸长率逐渐降低，如图10-6所示。

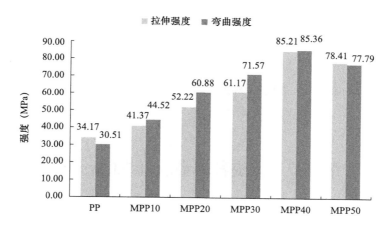

图10-4 不同桑皮纤维含量下复合材料的强度

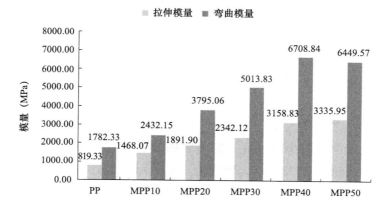

图10-5 不同桑皮纤维含量下复合材料的模量

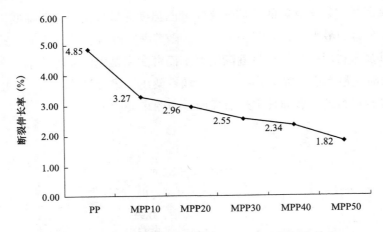

图10-6　不同桑皮纤维含量下复合材料的断裂伸长率

第四节　桑皮秆芯黏胶纤维的制备

一、桑皮秆芯制浆工艺

1. **制浆原理及制浆方法**　将经过筛选、切断、清洗、除杂等准备工序的符合生产要求的桑秆芯原料放入蒸煮器中，蒸煮后放掉残液，对蒸煮后的桑秆芯进行清洗，之后放入打浆器中进行打浆，再将获得的浆料在除砂器中进行除砂，以除去浆料中杂质和细小纤维，经漂白和清洗之后在抄浆机中对浆料进行抄浆即可制得桑秆芯黏胶浆粕。

2. **制浆工艺流程**　桑皮秆芯黏胶浆粕制备工艺路线为：备料（筛选、切断、清洗、除杂）→蒸煮→洗料→打浆→除砂→漂白→水洗→抄浆→浆粕。

将经过筛选、切断、清洗、除杂等准备工序处理过的符合生产需要的原料桑皮放入蒸煮器中，采用以NaOH计相对绝干料量为25%，液比为1∶3配液，60min内升温到175℃，并保温为240min，蒸煮完毕后放掉残夜，并对蒸煮后的桑皮进行冲洗，使其达到蒸煮质量的动力黏度为（20±10m）Pa·s，而甲种纤维素含量≥90%；之后在打浆机中对蒸煮后的桑皮进行打浆，采用粘状打浆，并且要求打浆浓度在5%～10%之间，打浆30～90min，直到浆中没有小的浆团存在；再将获得的浆料在除砂器中进行除砂，以除去浆料中的杂质和细小的纤维；将浆料进行氯化漂白，采用相对于绝干料量4%的有效氯量，浆料浓度可在2%～6%之间，在温度55℃、pH=9～10的条件下，进行氯化60min；然后放掉残液并对其进行冲洗，直至符合生产标准，之后便可在抄浆机中对浆料进行抄浆即可制得浆粕。

二、桑皮黏胶纤维生产工艺

桑皮秆芯黏胶纤维制备工艺路线为：浆粕→浸渍→压榨→老成→黄化→溶解→过滤→纺丝→牵伸→切断→烘干→打包。

将桑皮秆芯浆粕置于浸渍桶中，浸渍碱浓度120g/L，于85℃条件下，浸渍15min；将浸渍后的桑皮浆粕于网链式压榨机进行压榨，压榨倍数2.5倍；将经压榨后的桑皮碱纤维素置于黄化机中黄化，黄化剂为CS2，浓度35%，黄化初温18℃，黄化终温28℃，黄化90min；黄化后，将制得的材料于溶解机中进行，溶解剂为氢氧化钠溶液，溶解100min，溶解终温20℃，制得纺丝液；将制得的纺丝液置于自制的纺丝机中进行纺丝，以硫酸115g/L，硫酸钠300g/L，硫酸锌10g/L的比例组成酸浴，于浴温49℃，牵伸倍数2倍进行纺丝，制得桑皮秆芯黏胶纤维。

第五节　桑皮果胶整理织物的制备和性能测试

一、桑皮果胶的结构与基本特性

桑皮果胶是一类具有共同特性的寡糖和多聚糖的混合物，其主要成分是D-半乳糖醛酸，世界粮农组织（FAO）和欧盟（EU）规定，果胶必须含有≥65%的半乳糖醛酸。果胶分子除含有半乳糖醛酸外，还含有部分中性糖组分，如鼠李糖、阿拉伯糖和半乳糖等。对于不同的原料及提取技术得到的果胶，其中性糖组成及含量各不相同。此外，果胶中还含有一些非糖成分，如甲醇、乙酸和阿魏酸。

1. **果胶的化学结构**　桑皮果胶的基本结构为D-吡喃半乳糖醛酸，以α-1,4糖苷键结合为半乳糖醛酸，半乳糖醛酸部分羧基被甲酯酯化，剩余为K、Na、NH₄所中和，果胶是不同程度酯化和中和的α-半乳糖醛酸以1,4糖苷键形成的聚合物。酯基是半乳糖醛酸主链上最主要的成分，此外还有乙酰基、酰胺基。果胶分子量10～40万，属直链多糖。通常把酯化度50%以下的果胶称为低甲氧基果胶。酯化度50%以上的果胶称为高甲氧基果胶，如图10-7所示。

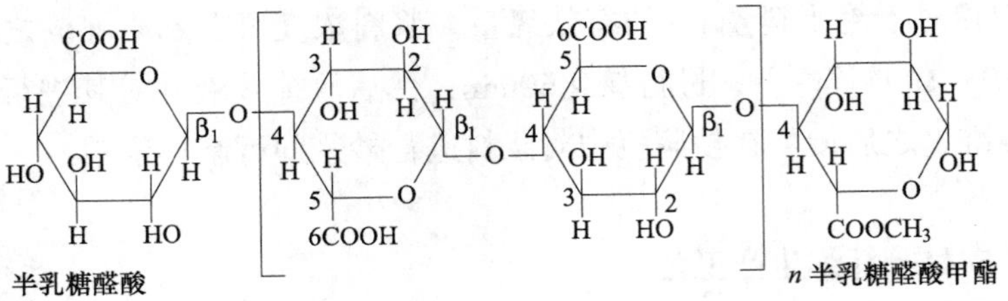

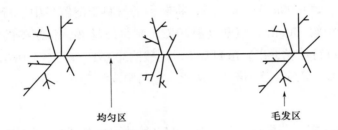

图10-7　果胶化学结构

2. **果胶的分子结构**　桑皮果胶物质的分子结构如图10-8所示。均匀区为α-D-吡喃半乳糖醛酸，毛发区为α-L-鼠李半乳糖醛酸。

图10-8　果胶分子结构

3. **果胶红外光谱分析**　桑皮果胶与不同的提取剂提取的锦葵茎皮果胶的红外光谱如图10-9所示，由图10-9可知，锦葵茎皮果胶与桑皮果胶的红外光谱图基本相似，但不同的提取剂提取出来的果胶在波峰处有强弱，且硫酸提取的果胶差异更大，其主要原因在于提取的果胶中残留色色素被破坏，影响了红外光谱的吸收。桑皮皮果胶在 $3300 \sim 3600 cm^{-1}$ 出现的宽峰是分子内或分子间O—H伸缩振动的结果，说明果胶分子中有很多的—OH，$2927 cm^{-1}$ 附近的吸收峰为C—H的伸缩振动；$1625 cm^{-1}$ 的特征强峰是—H附近的—O—伸缩振动峰，$1652 cm^{-1}$ 和 $1730 cm^{-1}$ 的特征峰是酯化酸基C=O的吸收峰，上述结果表明提取物确定是聚半乳糖醛酸即果胶，分子结构中含有大量的羟基、酸化酯基等。

4. **果胶的基本特性**　由于化学组成与结构原因决定了果胶的基本特性主要表现在溶解性、酸碱性和凝胶性。

（1）果胶的溶解性。桑皮纯品果胶为白色或淡黄色的粉末，略有特异气味。在20倍的水中几乎全部溶解，形成一种带负电荷的黏性胶体溶液；但不溶于乙醇、

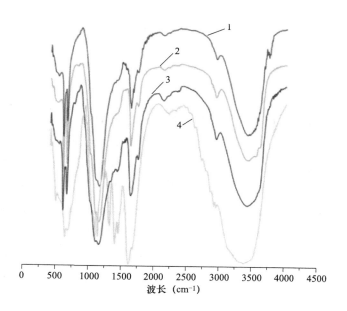

图10-9　不同提取工艺下的果胶红外光谱
1—锦葵皮果胶（酒石酸）　2—锦葵皮果胶（盐酸）　3—桑皮果胶　4—锦葵皮果胶（硫酸）

丙酮等有机溶剂，如果用蔗糖糖浆或与3倍以上砂糖混合则更易溶于水。一般认为，果胶及果胶酸在水中的溶解度与自身的分子结构有关；一是随链的增长而降低；二是随酯化程度的增长而升高（其衍生物甲酯、乙酯较易溶于水）。其原因可能是，果胶物质的分子不是以直线存在，而是多呈折叠形式，极易形成分子内氢键；而酯化程度较高时，分子内氢键相对减弱，因此溶解度会一定的增加。

（2）果胶的酸碱性。在不加任何试剂的条件下，果胶水溶液呈酸性，主要由于果胶酸和半乳糖醛酸作用。因此，在适度的酸性条件下，果胶稳定。但在强酸与强碱作用下，易引起果胶分子降解，使长链变成短链。

（3）果胶的凝胶性。凝胶化作用是果胶最重要的性质，在一定温度下，果胶、糖、酸的比例适宜时，可以形成凝胶。果胶的凝胶性质带给人们风味独特的果酱、果冻等食品。按果胶中甲氧基含量差异将果胶物质形成的凝胶分为高甲氧基型凝胶与低甲氧基型凝胶。若甲氧基含量高于8.2%，在温度低于50℃，蔗糖浓度60%～70%，加入酸（柠檬酸、苹果酸、酒石酸等）控制pH在2.0～3.5条件下可形成凝胶。低甲氧基离子结合型凝胶指甲氧基含量在7%左右的果胶与高价金属离子形成的凝胶，甲氧基含量低于7%的果胶即使在糖、酸比例再适宜的条件下也不能形成凝胶，只有加入高价金属离子（主要是Ca^{2+}）能形成凝胶，凝胶形成对pH无直接依赖作用，但在pH=3.0和pH=5.0时，凝胶强度最大，而pH=4.0时强度最小（原因尚不明确），温度是主要因素。

二、桑皮果胶的提取

酒石酸存在于多种植物中，如葡萄和甜角，也是葡萄酒中主要的有机酸之一，是一种无色透明的白色结晶细粉、有酸味。用作抗氧化增效剂、鞣制剂、螯合剂、药剂，它能更好的将桑皮中的果胶转变为可溶性果胶，所以桑皮果胶提取可以采用酒石酸为主的试剂，来不断调节pH、提取果胶的时间、料液比，通过各个参数的调节，可获得桑皮果胶提取最优工艺。硫酸是一种具有高腐蚀性的强矿物酸，通常是透明至微黄色，属于有机酸，也可以用于软化植物组织，将原果胶转化为可溶性果胶，而且硫酸具有防腐和漂白作用，使果胶颜色和质量比较理想，因此桑皮果胶的提取也可以采用硫酸为主的试剂进行提取。它们的提取工艺流程为：提取预处理→加热酸提取→过滤→浓缩→醇沉→果胶沉淀→烘干→植物韧皮果胶。

三、桑皮果胶整理棉织物及真丝绸织物的结构与性能

桑皮纤维脱胶去除的果胶物质具有抗癌、防辐射等作用，它在食品、医药、纺织及日化等行业都有着广泛的应用。通过将少量的天然果胶重新整理到棉织物、丝织物上等，对于拓宽棉织物、丝织物所用后整理剂，以及改变丝织物的功能特性上有潜在的应用价值，如改变织物的风格、提高织物的防紫外性与抗菌效果等。

1. 在纯棉织物上的应用

（1）防紫外性能。不同的桑皮果胶溶液整理前后纯棉织物的防紫外性能见表10-4和图10-10。由表10-4和图10-10可知，果胶溶液整理后纯棉织物的紫外线透过率明显降低。随着果胶溶液质量分数的提高，防紫外效果逐渐增强。特别是波长在280～300nm的范围之内，当果胶溶液质量分数为7.5%时，纯棉织物的紫外线透过率已接近0，UPF值已经达到54.6。这在某种程度上证明，果胶物质对紫外线有一定的吸收作用。

（2）抗菌性能。图10-11为5%浓度果胶溶液整理前后棉织物测得的抑菌圈，图10-11中右下角样品均为未经处理的棉织物，左上角织物整理后的棉织物。从图10-11可以看出空白样品的周围均没有明显的抑菌圈出现，而经果胶溶液整理的棉织物均出现了明显的抑菌圈，说明棉织物经果胶溶液整理后的抗菌效果更强。

表10-4　果胶整理前后纯棉织物紫外线透过率及防护系数测试结果

质量分数（%）	UPF	T（UVA）（%）	T（UVB）（%）	T（UVR）（%）
7.5	54.6	4.65	0.90	3.56
5	23.6	8.72	2.22	6.50
2.5	19.6	9.45	2.78	7.50
0	10.0	4.73	6.21	12.23

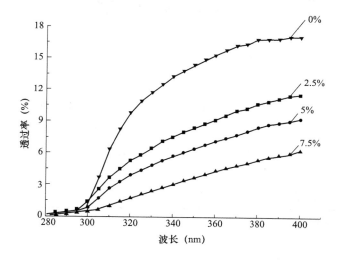

图10-10　果胶整理前后纯棉织物在不同
波段的紫外线透光率

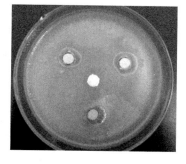

图10-11　棉织物经果胶溶液
整理后大肠杆菌抑菌圈图片

图10-12（a）为未经处理的棉织物测试后的菌落数样照，图10-12（b）为织物整理后的棉织物测试后的菌落数样照。由图10-12可以看出，没有经过果胶溶液整理后棉织物，发现溶液中的细菌经过营养琼脂的培养之后在织物表面上形成了无数个菌落数；经过果胶溶液整理后的棉织物在溶解后的溶液中，由于有果胶的抗菌作用，细菌很难生存，当果胶溶液整理的浓度增大时，菌落数不断减少。

（3）织物风格及拉伸性能。纯棉织物经过桑皮果胶溶液整理后，织物手感无发粘现象，锦葵皮果胶溶液整理前后棉织物经过多次冲洗后仍能较好的保留在棉织物上，整理前后织物的基本风格及拉伸性能见表10-5。由表10-5可知，随着果胶溶液质量分数的增大，织物的硬挺度、滑爽度及丰满度出现逐渐增大的趋势，变化最明显的是织物的硬挺度，然而织物的滑爽度（柔软性）出现了逐渐下降的趋势，这

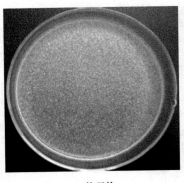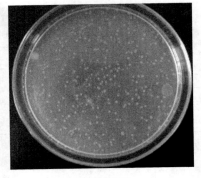

(a) 整理前　　　　　　　　　　　　　(b) 整理后

图10-12　棉织物整理前后抗菌测试后的菌落数

些测试结果与果胶的凝胶特性相吻合；随着果胶溶液质量分数的上升，纯棉织物的拉伸断裂强力和拉伸断裂伸长率出现较小的增大趋势，很显然经过果胶整理后，果胶分子部分进入了纱线与纱线之间，将纱线之间起到了良好的粘结作用。

表10-5　果胶溶液整理前后棉织物风格及拉伸性能

果胶溶液的质量分数（%）	基本风格				拉伸性能	
	硬挺度	滑爽度	平展度	丰满度	拉伸断裂强力（N）	拉伸断裂伸长率（%）
7.5	8.3431	3.0123	6.7546	7.0132	687.24	10.61
5	7.6853	3.3245	6.4245	6.7857	680.12	10.52
2.5	7.0134	3.7345	6.0123	6.3216	678.16	10.41
0	6.7368	4.0351	5.8937	6.0124	670.23	10.30

2. 在真丝织物上的应用

（1）防紫外性能。不同的桑皮果胶溶液整理前后真丝织物的防紫外性能见表10-6和图10-13。由表10-6和图10-13可知，果胶溶液整理后真丝织物的紫外线透过率明显降低，随着果胶溶液质量分数的提高，防紫外效果逐渐增强，当果胶质量分数为7.5%时，UPF值已经达到81.9，表明纯果胶物质提高了纯棉织物的抗紫外性能。

表10-6　果胶整理前后真丝织物的抗紫外性能

质量分数（%）	UPF	T（UVA）（%）	T（UVB）（%）	T（UVR）（%）
7.5	81.9	4.03	0.53	3.01
5	37.3	6.79	1.16	5.15
2.5	26.7	8.75	1.62	6.66
0	16.2	14.47	2.35	10.92

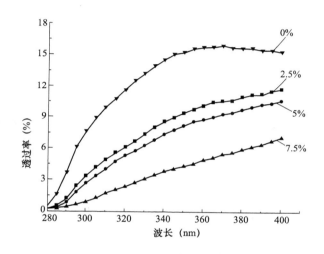

图10-13　果胶整理前后真丝织物在不同波段的紫外线透光率

（2）织物风格及拉伸性能。桑皮果胶溶液整理真丝织物前后的风格及拉伸性能见表10-7。由表10-7可知，真丝织物的硬挺度、平展度和丰满度随着果胶质量分数的提高而增加，而滑爽度却与之相反。从表10-7可以看出，果胶对织物的硬挺度影响最大。当果胶质量分数为2.5%时，织物的基本风格与未处理过的相差不大；当质量分数为7.5%时，织物的硬挺度变化较大，其他相对较小。随着果胶质量分数的提高，织物的断裂强力和断裂伸长率出现逐渐增大的趋势，这说明果胶分子进入真丝织物的组织结构中，使真丝之间产生较好的粘结性，对织物的拉伸性能起到贡献作用。可见，经过果胶溶液整理之后，对真丝织物的滑爽度、硬挺度影响不大的前提下，能增加真丝织物的平展度、丰满度以及提高织物的拉伸强力，拓宽了真丝织物的使用范围。

表10-7 果胶整理前后真丝织物的风格及拉伸性能

果胶溶液的质量分数（%）	基本风格				拉伸性能	
	硬挺度	滑爽度	平展度	丰满度	拉伸断裂强力（N）	拉伸断裂伸长率（%）
7.5	5.5263	3.0123	7.5632	7.2356	232.7	59.67
5	5.4321	3.1237	7.1254	6.9237	231.3	59.31
2.5	4.0123	3.7456	6.5756	6.7851	227.6	56.81
0	3.7237	4.1254	6.1234	6.5321	221.5	56.01

第六节 桑皮果胶整理医用纱布的工艺及性能测试

通过果胶整理，可以赋予医用纱布优良的抗菌性能。通过测试了解桑皮纤维医用纱布的顶破性能、撕裂性能、透湿性能及抗菌性能，保证出厂的产品质量符合国家标准的要求。

一、整理工艺

在常温下，将提取的果胶充分干燥，把干燥的果胶经过挤压形成果胶粉末状，量取一定重量的果胶粉末放入量杯中，然后量取一定容积的纯净水倒入果胶的量杯中（配置整理液的整理液质量分数分别为7.5%、5%、2.5%、0%），其浴比根据1:50来配置，最后放在设定好的恒温水浴锅中加热，用玻璃棒不断搅拌，仔细观察果胶是否完全溶解，完全溶解以后，把经过煮练的甲壳素/海藻/桑皮医用纱布浸入完全整理液中，甲壳素/海藻/桑皮医用纱布完全浸轧开始计时，并不断用玻璃棒搅拌，大约30min以后，把甲壳素/海藻/桑皮医用纱布拿出来，用清水轻轻冲洗下，放在干净而又干燥的室温下。

二、织物的顶破性能与分析

1. **实验仪器** HD031E型电子织物破裂强力仪器。

2. **实验步骤** 采用的弹子式顶破强力的方法，在常温下，将经桑皮果胶整理后的甲壳素/海藻/桑皮医用纱布剪成规定的圆形，将剪好的甲壳素/海藻/桑皮医用纱布放在规定的仪器上调整仪器。

3. **实验结果测试与分析** 根据表10-8的结果显示，经桑皮果胶整理后的甲壳素/海藻/桑皮医用纱布顶破比普通纯棉医用纱布顶破大，由于甲壳素/海藻/桑皮医用纱布是甲壳素/海藻/桑皮纤维组成的纬纱的织物，则线密度是16.5tex，纬纱织缩率是7.9%，而纯棉医用纱布的纬纱织缩率是4.4%。一般情况下，甲壳素/海藻/桑皮医用纱布织缩率大，则甲壳素/海藻/桑皮医用纱布的顶破强度较高。

表10-8　织物的顶破性能实验数据

次数 ＼ 种类	经桑皮果胶整理后的甲壳素/海藻/桑皮医用纱布（N）	纯棉医用纱布（N）
1	86.8	85.6
2	88.9	84.3
3	87.2	85.1

三、织物的撕裂性能与分析

1. **实验仪器**　HN026N型电子织物强力机。

2. **实验步骤**　采用条样法，在常温下，将经桑皮果胶整理后的甲壳素/海藻/桑皮医用纱布拉好，夹在仪器上。将仪器调到准备好的数据，纱布有效工作宽度为50mm，纱布隔距长度为（200±1）mm，拉伸速率为20mm/min，采用预加张力为2N。

3. **实验结果测试与分析**　根据表10-9的结果显示经桑皮果胶整理后的甲壳素/海藻/桑皮医用纱布的强力比纯棉医用纱布的强力大很多。这是由于在相同的条件下，影响织物强力的主要因素和经纱和纬纱的断裂强度/强力有关以及原料的性能有关。经桑皮果胶整理后的甲壳素/海藻/桑皮医用纱布的纬纱断裂强力是191cN比普通纯棉医用纱布大，以及经桑皮果胶整理后的甲壳素/海藻/桑皮医用纱布的纬纱紧度4.06，普通纯棉医用纱布的纬纱紧度是5.7，因此经桑皮果胶整理后的甲壳素/海藻/桑皮医用纱布的撕裂测试结果与纯棉医用纱布撕裂测试结果相差较大。

表10-9　织物的撕裂性能实验数据表

结果 ＼ 种类	经桑皮果胶整理后的甲壳素/海藻/桑皮医用纱布	纯棉医用纱布
强力（N）	400.8	274.9
伸长率（%）	17.69	14.54

四、织物的透湿性能与分析

1. **实验仪器**　YG501型透湿试验箱、烧杯、电子称。

2. **实验步骤**　将水溶液装入透湿杯中，装入量约为杯子容积的2/3。用经桑皮果胶整理后的甲壳素/海藻/桑皮医用纱布盖住杯口，用橡皮筋箍紧。裁取经桑皮果胶整理后的甲壳素/海藻/桑皮医用纱布和纯棉医用纱布20cm×20cm的各1个样品，每个样品放置在测试架上，试样用橡皮筋固定在支架上，将样品支撑架系统调节到能够漂浮在摄氏度水温的水箱中为准。测试杯口朝上时的重量，将杯子迅速倒置放入样品支撑架上，整个测试系统放置在恒温箱装置中，15min后将测试杯从恒温箱中取出，倒置并称重。按下式计算透湿量：

$$P = \frac{4(m_1 - m_2)}{S}$$

式中：m_1——测试后杯子的质量，g；

m_2——测试前杯子的质量，g；

P——透湿量，$g/(h \cdot m^2)$；

S——测试面积，m^2。

3. **实验结果测试与分析**　根据表10-10的结果显示，经桑皮果胶整理后的甲壳素/海藻/桑皮医用纱布与纯棉医用纱布差别主要是在相同织物规格条件下，甲壳素/海藻/桑皮医用纱布的经纱是纯棉，纬纱是甲壳素/海藻/桑皮纤维混纺，混纺纱回潮率是10.425%，纬纱的线密度是16.5tex，而纯棉医用纱布的经纬纱都是纯棉，棉的回潮率8.5%，经纬纱线密度是24tex，所以纱线的经纬密度不同以及纱线的细度不同使得经桑皮果胶整理后的甲壳素/海藻/桑皮医用纱布比纯棉医用纱布的透湿性大。

表10-10　织物的透湿性能实验数据表

结果 种类	经桑皮果胶整理后的甲壳素/海藻/桑皮医用纱布 [$g/(h \cdot m^2)$]	普通纯棉医用纱布 [$g/(h \cdot m^2)$]
透湿之前	17.86	17.86
透湿之后	77.67	68.45
透湿量	59.81	50.59

五、织物的抗菌性能与分析

1. **实验仪器**　试管、隔水式培养箱、LDZX-30FBS立式压力蒸汽灭菌器。

2. **实验步骤**　将抗菌织物试样及未经抗菌处理的织物试样剪切成5mm×5mm样片，称取（0.75±0.05）g分装包好，在103kPa、125℃灭菌15min备用。将样片剪碎放入10mL的试管中，加入0.2mL金黄色葡萄球菌悬液（9.4），然后将试管固定试管架上，在20℃～25℃的条件下，培养24h后取样；用吸管在"0"接触时间制样的SCDLP液体培养基中分别吸取1mL溶液，做适当10倍法稀释，摇匀，吸取1mL加入灭菌的平皿中，倾倒计数培养基（EA）约15mL，室温凝固，倒置平皿，在37℃培养24h。

3. **实验结果**　在实验中拍摄的甲壳素/海藻/桑皮医用纱布的抑菌率测试的照片，如图10-14。通过对图10-14的分析比较可以看出，经桑皮果胶整理后的甲壳素/海藻/桑皮医用纱布的抗菌效果比较好。由图10-15（a）、（b）可以看出，纯棉医用纱布是没有抗菌性能的，图10-15（a）没有经过果胶溶液整理后甲壳素/海藻/桑皮医用纱布，发现溶液中的细菌经过营计数培养基（EA）的培养之后在培养皿上形成了无数个菌落数；经过果胶溶液整理后的甲壳素/海藻/桑皮医用纱布在溶解后的溶液中，由于有果胶的抗菌作用，细菌很难生存，当果胶溶液整理的浓度增大时，菌落数不断减少。当浓度为7.5%时，甲壳素/海藻/桑皮医用纱布对金黄色葡萄球菌的抑菌率达到95%。总体来说，果胶溶液整理后的甲壳素/海藻/桑皮医用纱布比纯棉医用纱布的抗菌效果要好。

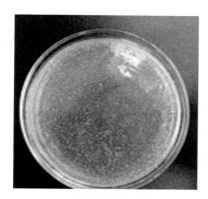 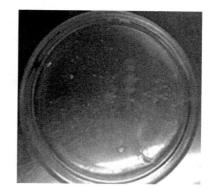

(a) 未经整理的细菌样　　　　　(b) 经浓度2.5%桑皮果胶溶液整理后的细菌样

图10-14　纯棉医用纱布经桑皮果胶溶液整理前后的抗菌性能

(a) 未经整理的细菌样　　　　　　　　(b) 经浓度2.5%桑皮果胶溶液整理后的细菌样

(c) 经浓度5%桑皮果胶溶液整理后的细菌样　　　(d) 经浓度7.5%桑皮果胶溶液整理后的细菌样

图10-15　甲壳素/海藻/桑皮医用纱布经桑皮果胶溶液整理前后的抗菌性能

第十一章 桑皮纳米纤维素晶须的制备与性能

随着资源的严重匮乏和人们对环保的日益重视，有效利用纤维素价廉物丰的绿色可再生资源，利用新技术在微观领域对纤维素分子及晶须进行重新组装和改性，开发出具有优异性能的新型精细化工产品，具有极其重要的意义。纳米纤维素按其形貌可分为纳米纤维素晶体（晶须）、纳米纤维素复合物和纳米纤维素纤维三类。纳米纤维素晶须长度为10～1000nm，横截面尺寸只有5～20nm，长度与横截面尺寸之比（长径比）为1～100。纳米纤维素晶须结晶性高、亲水性强、强度大，具有特殊的光学性质、流变性能和力学性能，有着广泛的用途。特别是其具有生物相容性和生物可降解性，可用于制备环保型的纳米复合材料，因此对纳米纤维素晶须的研究是当前的一个热点。

本章制备纳米纤维素晶须是通过天然纤维素水解等步骤处理后得到的白色、无味的粉末状颗粒，主要采用酸水解法，基本步骤如：纤维素→水解→洗涤干燥→粉碎造粒。本章选用桑皮纤维作为原料溶解在不同浓度硫酸溶剂中，对纳米纤维素晶须的制备方法及工艺条件进行研究，用于制备环保型的纳米复合材料。

第一节 桑皮纳米纤维素晶须的制备与表征

一、桑皮纳米纤维素晶须的制备

1. **桑皮微晶纤维素的制备** 首先配制硫酸溶液：硝酸乙醇按1∶4配制，在400mL无水乙醇中缓缓加入10mL浓硝酸，共加10次，每次添加浓硝酸时用玻璃棒充分搅拌混匀，冷却后储于棕色试剂瓶中备用。

搭建回流冷凝装置，将脱胶后的样品与配制好的硝酸乙醇溶液在100 ℃的条件下油浴加热搅拌1h，浴比为1∶25。重复上述步骤，直至纤维素变白，滤液颜色不变。再用硝酸乙醇洗涤残渣，然后用热水洗涤至中性，最后用无水乙醇洗涤两次，抽干滤液。最后将干燥后的样品粉碎处理后得到微晶纤维素如图11-1（b）。

图11-1（a）为脱胶后桑皮纤维，经多次硝酸乙醇处理后桑皮纤维变为白色粉末状颗粒。

(a) 未处理　　　　　　　　　　　　(b) 处理样

图11-1　处理前后实物照片

2. **用桑皮微晶纤维素制备桑皮纤维纳米晶须**　制备纤维素纳米晶须的方法有很多，浓硫酸水解制备纳米晶须是目前最常见的方法，操作简单、条件易控制，同时可以形成稳定的胶体悬浮溶液。所以本章使用浓硫酸对制备的桑皮微晶纤维素进行水解，制备桑皮纤维素纳米晶须。

取脱胶后的桑皮纤维10g，用剪刀剪成粉碎，放入100mL硫酸中，在60 ℃的水浴下分别高速搅拌反应30min；加入100mL冷水停止反应，在10200r/min的离心速度下离心洗涤10min，反复洗涤5～6次直至上清变得浑浊呈乳白色；将上清悬浮液取出后透析至pH为中性，用超声波分散后即得桑皮纳米纤维素晶须悬浮液，放入冰箱4℃保存。不同浓度纤维素纳米晶须实物如图11-2所示。

(a) 50%　　　　　(b) 5%　　　　　(c) 1%　　　　　(d) 0.1%

图11-2　不同浓度纤维素纳米晶须实物图（质量分数）

图11-2为不同浓度的纳米晶须的照片，经过64%硫酸处理后得到的高浓度的纳米晶须呈乳白色，经过稀释后所得到的纳米晶须悬浮溶液泛蓝光，静置一段时间后溶液不变，不发生分层、沉淀，所制备的纳米晶须悬浮液非常稳定。制备的纳米晶须悬浮液经离心、超声波清洗、透析等获得高纯度的桑皮纳米晶须。

（1）离心洗涤实验方法。将用64%硫酸溶解的桑皮纤维粉末用胶头滴管滴入离心机用的专用试管中，然后对号放入离心机中（试管要为双数，在离心机中要对面放入）。打开离心机，把晶须需要的转速10200r/min，时间10min等参数调节好。最后将离心机的盖子关上按上启动按键。时间到后去除试管去除上清液放入另外一个离心机试管中，然后用胶头滴管加入清水至试管顶部。依上述反复洗涤5～6次。离心清洗如图11-3所示。

通过对图11-3的分析可以看出，64%硫酸反应30min时离心液是纳米晶须分散性好。

（2）超声波清洗。将离心后的溶液放入超声波清洗机中进行超声波清洗。超声波清洗机参数设定为温度60℃、时间15min等。超声波清洗如图11-4所示。

图11-3　离心清洗图

（3）透析。

①技术参数。

pH稳定范围：5～9。

污染物水平：硫化物＜0.3%；重金属＜50mg/L。

化学兼容性：与很多盐兼容，比如$CaCl_2$（NH_4）$_2SO_4$；还可与分子生物学及酶学中常用的水溶剂、有机溶剂兼容，如丙醇、乙醇和丙酮。

温度低抗性：可煮沸，可高温灭菌。

蛋白吸附：1g透析袋吸附蛋白量小于1ng。

②使用前处理。

图11-4　超声波清洗图

a. 将透析袋剪成适当长度（10～20cm）的小段。

b. 在大体积的2%（W/V）碳酸氢钠和1mmol/L EDTA（pH 8.0）中将透析袋煮沸10min。

c. 用蒸馏水彻底清洗透析袋。

d. 放在 1mmol/L EDTA（pH 8.0）中将之煮沸10min。

e．冷却后，存放于4℃，必须确保透析袋始终浸没在溶液内。从此时起取用透析袋是必须戴手套。

f．用前在透析袋内装满水然后排出，将之清洗干净。

前处理后，将制备的桑皮纤维纳米晶须溶液加进透析袋中进行透析。

二、桑皮纤维素纳米晶须的表征

1．全面形貌测试与分析

（1）形貌测试。采用日本Hitachi公司的S-4800型高分辨冷场发射扫描电镜（SEM）观察酸解前后样品的形貌。将微晶样品粘在导电胶上，纳米晶须滴在硅片上风干后，贴电镜台上喷金处理后，加高压观察。

将纳米晶须稀释至0.01%（质量分数），滴至硅片上风干后，用veeco公司的multimode8 & bioscope型原子力显微镜（AFM），采用轻敲模式观察晶须表面形貌。

取稀释后的纳米晶须滴一滴到230目载有碳膜的铜网上，将铜网放在滤纸上吸干，再铜网上滴加一滴1%（质量分数）磷钨酸溶液，静置几分钟后吸干溶液并在室温中干燥。用FEI公司的FEI Tecnai G-20型透射电子显微镜观察，加速电压200kV。

（2）表面形貌分析。为了进一步观察所得纤维素纳米晶须的表面形貌，通过扫描电镜和原子力显微镜测试。样品滴加到硅片风干后形成如图11-5和图11-6的形貌，可以看到纤维素密集分布，排列方向各异，不均匀，纳米晶须呈棒状结构，长径比大，纳米晶须长度为几百个纳米，其宽度在几十个纳米。由于微晶纤维素经过硫酸水解后，糖苷键进一步被破坏，非晶区降解，释放出纤维素单晶。扫描电镜与原子力显微镜图得到的纳米晶须分布及尺寸基本一致。

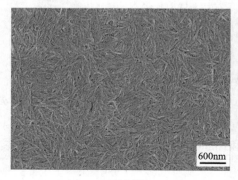

(a) 低分辨

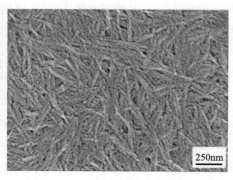
(b) 高分辨

图11-5　纤维素纳米晶须SEM图

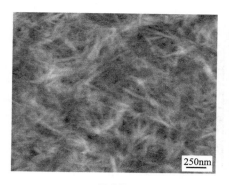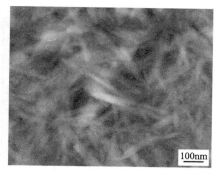

(a) 低分辨   (b) 高分辨

图11-6 纤维素纳米晶须的AFM图

  通过透射电镜观察纳米晶须的尺寸，添加磷钨酸对纳米晶须进行负离子染色，用铜网在溶液中捞取风干，得到如图11-7所示。图上可以清楚的观察到纤维素纳米晶须呈纳米级棒状结构，长度大约在100～600nm之间，宽度在几十个纳米，长度不一，其尺寸与SEM、AFM照片显示基本相一致。酸水解制备纳米晶须的长度与宽度较难控制，均匀性还较差。

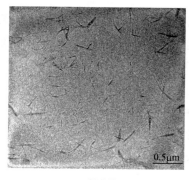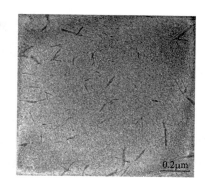

(a) 低分辨   (b) 高分辨

图11-7 纤维素纳米晶须的TEM图

  2. **粒径分析** 将纳米晶须溶液稀释，采用Malvern公司的ZS90型激光粒度仪测定纳米晶须的粒径及其分散性。测试在室温下进行，样品测试3次。

  图11-8是采用激光粒度仪测定的纳米晶须粒径分布图。从测定的结果得到平均粒径为274nm，80%的纳米晶须分布集中在200～400nm之间，与SEM、AFM测得的纳米晶须尺寸基本一致。

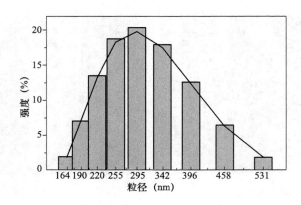

图11-8　纤维素纳米晶须粒径分布图

第二节　桑皮纳米纤维素晶须/PVA复合材料的制备及性能测试

聚乙烯醇（PVA）由聚醋酸乙烯酯经水解而得到的聚合物，无毒性，其分子链上含有许多羟基，具有较好的水溶性、成膜性、粘接力和乳化性，有良好的耐油脂及耐溶剂性能。因而聚乙烯醇广泛地应用作黏合剂、造纸用涂饰剂和施胶剂、纺织浆料、乳液聚合的乳化剂和保护胶体、陶瓷工业中的暂时性黏合剂等。考虑到PVA的水溶性及桑皮纳米纤维素晶须的优良性能，本书主要介绍桑皮纳米纤维素晶须PVA复合材料的制备及性能。

一、桑皮纳米纤维素晶须/PVA复合材料的制备

称取一定量的PVA，加入适量的水，在恒温水浴锅中加热90℃搅拌，使其溶解。按PVA用量的1%～5%分别加入桑皮纳米纤维素晶须，继续搅拌30min，然后消泡，最后在玻璃板上流涎成膜，等水分凉干后，使用红外灯加热干燥，制备桑皮纳米纤维素晶须/PVA复合材料膜。

二、桑皮纳米纤维素晶须/PVA复合材料的性能

1. **物理力学性能**　采用GB/T 3923.1—2013测定纳米纤维素晶须/PVA复合材料的拉伸强度、拉伸模量及断裂伸长率。测试时，采用拉伸速率为100mm/min。

不同用量的桑皮纳米纤维素晶须对桑皮纳米纤维素晶须/PVA 复合材料物理力学性能见表11-1。

表11-1　桑皮纳米纤维素晶须/PVA复合材料物理力学性能

纳米纤维素晶须含量占干胶含量（%）	拉伸强度（MPa）	拉伸模量（MPa）	断裂伸长率（%）
0	68.38	451.43	40.07
1	75.5	625.09	23.76
2	100.05	867.08	20.08
3	113.53	1116.5	19.08
4	102.87	854.63	18.05
5	98.25	548.38	18.08

表11-1为纳米纤维素晶须含量从0~5%对纳米纤维素晶须/PVA复合材料物理力学性能的影响。由表11-1的结果可知，在PVA中加入少量的纳米纤维素晶须，复合材料的物理力学性能发生了显著变化，复合材料的拉伸强度、拉伸模量先上升，到达最大值后又开始下降，断裂伸长率则随纳米纤维素晶须用量的增加不断降低。复合材料在纳米纤维素晶须用量3%时综合性能最好，拉伸强度提高了66.02%，拉伸模量提高了147.33%，这表明纳米纤维素晶须对PVA起到了明显的补强作用。不过从断裂伸长率的降低则又说明纳米纤维素晶须导致了PVA脆性的增大，这是不足之处。

2. **吸声性能**　采用驻波管试验装置测试纳米纤维素晶须用量3%时复合材料的隔声性能。驻波管试验装置如图11-9所示。

吸声系数根据美国标准ASTM C384—2004（2016），复合材料试样采用直径为96mm的圆盘，进行吸声系数测量时，采用两种方式，一种是试样实贴在驻波管后壁上，另一种是在试样与驻波管后壁之间预留6cm的空

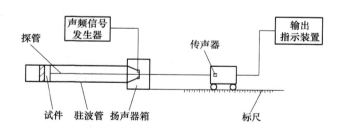

图11-9　驻波管试验装置

气层。吸声系数的测量是在6个频率下获得的，对应的声波频率为125Hz、250Hz、500Hz、1000Hz、2000Hz和4000Hz，实验设计与吸声系数值见表11-2。

从表11-2分析结果可以看出，桑皮纳米纤维素晶须/PVA复合材料的吸声性能，在高频范围内的吸声效果较好，对于低频的吸声就显得不尽人意了。降噪系数NRC的值在0.276~0.529之间，作为吸声材料的应用并不占优势。因此，采用了加

表11-2　实验设计与吸声系数值

板材型号	空腔	测试频率（Hz）						NRC
		125	250	500	1000	2000	4000	
1#	无	0.561	0.124	0.363	0.563	0.877	0.902	0.482
	6cm	0.088	0.322	0.463	0.913	0.784	0.901	0.621
2#	无	0.048	0.116	0.235	0.414	0.728	0.821	0.373
	6cm	0.156	0.529	0.893	0.630	0.574	0.893	0.657
3#	无	0.091	0.141	0.327	0.733	0.914	0.935	0.529
	6cm	0.228	0.767	0.609	0.573	0.888	0.831	0.709
4#	无	0.035	0.076	0.179	0.341	0.509	0.891	0.276
	6cm	0.071	0.163	0.239	0.436	0.679	0.936	0.379
5#	无	0.054	0.135	0.209	0.435	0.855	0.911	0.409
	6cm	0.113	0.235	0.411	0.511	0.785	0.941	0.486
6#	无	0.034	0.126	0.211	0.347	0.657	0.888	0.335
	6cm	0.062	0.232	0.431	0.890	0.508	0.913	0.515

入空腔旳吸声结构进行吸声系数的评价。实验结果显示，6cm的空气层的加入，使得材料在中低频的吸声系数有明显的增加，进而使得降噪系数NRC的值提升为0.379~0.709之间，总的提升效果到达10%以上。

　　3. **保温性能**　采用非稳态热源法中的热脉冲法对纳米纤维素晶须用量3%时复合材料的热物理性能进行评价。热脉冲法适用于对均质固体材料，非均质材料和多孔材料的导热系数，导温系数和比热容等多个热物理参数进行测量。

　　根据导热系数的计算公式，计算试件的导热系数值，实验结果见表11-3。

$$\lambda = \frac{I^2 \times R \times \sqrt{a} \times (\sqrt{t_2} - \sqrt{t_1})}{A\theta_{(0,\,t_2)}\sqrt{\pi}}$$

式中：　λ——试件的导热系数，W/m·K；

　　$\theta_{(0,\,t_2)}$——降温过程中热源面上的过余温度，℃；

　　t_2——降温过程中热源面上应对应的时间，s；

　　t_1——关闭热源相对应的时间，s；

　　A——加热器的面积，m²；

　　I——通过加热器的电流，A；

　　R——加热器的电阻，Ω；

表11-3　复合材料导热性试验

试样编号	试样厚度（cm）	热流方向	导温系数（$10^{-4}m^2/s$）	导热系数［W/（m·K）］
1#	0.2	垂直	0.000654	0.254
2#	0.2	垂直	0.000686	0.279
3#	0.2	垂直	0.000723	0.307
4#	0.2	垂直	0.000748	0.325
5#	0.2	垂直	0.000898	0.358
6#	0.2	垂直	0.000734	0.398

a——导温系数，m^2/s。

根据表11-3分析，被检测的试样，采用试样方向与热源方向垂直。对于实验结果分析，复合材料的导温系数值在（0.000654～0.000898）×$10^{-4}m^2/s$之间，对于导热系数的分析可知，导热系数为0.254～0.398W/（m·K）之间具备了较小的导热系数，可以应用于室内作为保温隔热材料。参考吸声结构的设计可知，如果在复合材料与汽车墙体之间预留一定的空气腔结构，纳米纤维素晶须用量3%时复合材料的保温性能将进一步增强。

4. 整体性能评价与总结

（1）在PVA中加入少量的纳米纤维素晶须，复合材料的物理力学性能发生了显著变化，复合材料的拉伸强度、拉伸模量先上升，到达最大值后又开始下降，断裂伸长率则随纳米纤维素晶须用量的增加不断降低。复合材料在纳米纤维素晶须用量3%时，拉伸强度提高了66.02%，拉伸模量提高了147.33%，综合性能最好，这表明纳米纤维素晶须对PVA起到了明显的补强作用。

（2）桑皮纳米纤维素晶须/PVA复合材料的吸声性能在进行实贴安装时，在高频范围内的吸声效果较好，对于低频的吸声就显得不尽人意了。采用加入空腔的吸声结构进行吸声系数的评价。实验结果显示，6cm的空气层的加入，使得材料在中低频的吸声系数有明显的增加，进而使得降噪系数NRC的值提升为0.38～0.71之间，总的提升效果到达10%以上。

（3）复合材料的导温系数值在（0.000654～0.000898）×$10^{-4}m^2/s$之间，对于导热系数的分析可知该复合材料可以应用于室内作为保温隔热材料。参考吸声结构的设计可知，如果在复合材料与汽车墙体之间预留一定的空气腔结构，纳米纤维素晶须用量3%时复合材料的保温性能将进一步增强。

参考文献

［1］DU J, HE Z D, JIANG R W, et al.. Antiviral flavonoids from the root bark of Morus alba L［J］. Phytochemistry, 2003, 62, 1235–1238.

［2］LI R J, FEI J M, CAI Y R, LI, et al. Cellulose whiskers extracted from mulberry: A novel biomass production［J］. Carbohydrate Polymers, 2009, 76, 94–99.

［3］KAWAHARA, VUTAKS. Characterization of microvoids in mulber and tussash silk fibers using stanic acid treatment［J］. Journal of Appied Polymer Science, 1999, 73（3）: 115.

［4］华坚, 彭旭东, 郑庆康, 等. 桑皮纤维的结构和性能研究［J］. 丝绸, 2003, （10）: 21–23.

［5］张之亮. 桑皮纤维脱胶工艺和结构性能研究［D］. 上海: 东华大学, 2005: 45–75.

［6］杨佩鹏, 武海良, 吴长春. 桑皮纤维生物脱胶工艺研究［J］. 丝绸, 2006, （11）: 56–57.

［7］ZHANG C, PRICE L M, DALY W H. Synthesis and characterization of a trifunctional aminoamide cellulose derivative［J］. Biomacromolecules, 2006, 7, 139–145.

［8］TROEDEC M L, SEDAN D, PEYRATOUT C, et al. Influence of various chemical treatments on the composition and structure of hemp fibres［J］. Composites Part A, 2008, 39, 514–522.

［9］NAM S, NETRAVALI A N. Green composites. I. physical properties of ramie fibers for environment–friendly green composites［J］. Fibers and Polymers, 2006, 7, 372–379.

［10］LI M H, HAN G T, YU J Y, Microstructure and mechanical properties of apocynum venetum fibers extracted by alkali–assisted ultrasound with different frequencies［J］. Fibers and Polymers, 2010, 11（1）: 48–53.

［11］CHANG L W, JUANG L J, WANG B S, et al. Antioxidant and antityrosinase activity of mulberry（Morus alba L.）twigs and root bark［J］. Food and Chemical Toxicology, 2011, 49（5）: 785–790.

［12］许延兰, 李绫娥, 邹宇晓, 等. 广东桑枝的化学成分分析［J］. 中国中药杂志, 2008, 33（21）: 2499–2502.

［13］DU J, HE Z D, JIANG R W, et al.. Antiviral flavonoids from the root bark of Morus alba L［J］. Phytochemistry, 2003, 62, 1235–1238.

［14］金鹏辉, 封勤华, 蒋耀兴. 生物酶脱胶工艺在制备桑皮纤维中的应用［J］. 纺织学报, 2011, 32（1）: 55–58.

［15］LI RONGJI, FEI JIANMING, CAI YURONG, et al. Cellulose whiskers extracted from mulberry: A novel biomass production［J］. Carbohydrate Polymers, 2009, 76（10）: 94–99.

［16］张璐, 黄晨, 缪宏超, 等. 非织造材料桑皮纤维提取方法的研究［J］. 产业用纺织品, 2008, （5）: 16–19.

［17］QU CAIXIN, WANG SHUDONG. Macro–micro structure, antibacterial activity, and physico–mechanical properties of the mulberry bast fibers［J］. Fibers and Polymers, 2011, 12（4）:

471–477.

［18］瞿才新，王建明．桑皮纤维/棉转杯混纺纱的研制及性能分析［J］．棉纺织技术，2012，40（5）：273–276.

［19］瞿才新，王曙东．基于微波—酶—化学处理的桑皮纤维结构与性能［J］．纺织学报，2011，32（11）：7–11.

［20］瞿才新，位丽，赵磊，等．桑皮纤维直接染料染色动力学和热力学研究［J］．毛纺科技，2012，40（4）：6–9.

［21］何建新，王善元．天然纤维素的核磁共振碳谱表征［J］．纺织学报，2008，29（5）：1–5.

［22］NOMURA T, FUKAI T, YAMADA S, et al. Phenolic constituents of the cultivated mulberry tree（Morus alba L.）［J］．Chem. Pharm. Bull., 1976, 24（11）：2898–2900.

［23］NOMURA T, FUKAI T, KATAYANAGI M. Kuwanon A, B, C and oxydihydromorusin, four new flavones from the root bark of the cu lt ivated mulberry tree（Morus abla L.）［J］．Chem. Pharm. Bull., 1977, 25（8）：529–532.

［24］谭磊，马艺华，丁绍敏，等．桑皮纤维性能与可纺性研究［J］．棉纺织技术，2010，38（7）：14–16.

［25］DU J, HE Z D, JIANG R W, et al. Antiviral flavonoids from the root bark of Morus alba L ［J］．Phytochemistry, 2003, 62：1235–1238.

［26］LI R J, FEI J M, Li CAI Y R, et al. Cellulose whiskers extracted from mulberry: A novel biomass production［J］．Carbohydrate Polymers, 2009, 76：94–99.

［27］马艺华，谭磊，钮光．桑皮纤维纺纱工艺技术研究［J］．中国麻业科学，2011（1）：39–41.

［28］张焕然，胡心怡．桑皮纤维/棉纤维混纺纱线拉伸性能的研究［J］．青岛大学学报：工程技术版，2009，24（4）：68–71.

［29］姜怀，邬福麟，梁洁，等．纺织材料学［M］．北京：中国纺织出版社，1996：187–314.

［30］杜芯，冯万众．在棉纺设备上开发亚麻棉混纺纱的实践［J］．棉纺织技术，2009，37（4）：46–49.

［31］金鹏辉．生物酶处理技术应用于桑皮纤维提取［D］．苏州：苏州大学，2009.

［32］邰小娟，杜双田，郭玉孝，等．生物法提取桑皮纤维漂白工艺的研究与优化［J］．西北农林科技大学学报：自然科学版，2009，37（4）：213–219.

［33］李冬梅，吴长春，杨佩鹏，等．桑皮纤维染色性能研究［J］．纺织科技进展，2008（6）：78–79.

［34］董震，丁志荣．桑皮纤维的脱胶工艺研究［J］．上海纺织科技，2008（11）：20–32.

［35］宁辉，董朝红，朱平，等．丽赛纤维的染色动力学性能［J］．印染，2009（21）：10–13.

［36］王斌，刘雁雁，董朝红，等．几种纤维的染色动力学性能研究［J］．印染助剂，2010（2）：29–34.

［37］钟绵国，赵涛. 灵菌红素对羊毛纤维的染色动力学与热力学研究［J］. 毛纺科技，2010，39（7）：15–18.

［38］YANG Y，LI S，BROWN H，et al. Dyeing behavior of 100% Poly（trimethylene terephthalate）（PTT）textiles［J］. Textile Chemistsand Colorists & American Dyestuff Report，1999（3）：50–54.

［39］藤田隆. PTT 纖維の染色［J］. 加工技術，2000，35（5）：44–47.

［40］王菊生，孙铠. 染整工艺原理：第3册［M］. 北京：中国纺织出版社，2001.

［41］李向红，敖利民，陈振宏. 芳砜纶芳纶1313 混纺纱生产实践［J］. 棉纺织技术，2011，39（3）：46–48.

［42］瞿才新，王曙东. 基于微波– 酶– 化学处理的桑皮纤维结构与性能［J］. 纺织学报，2011，32（11）：7–11.

［43］瞿才新，毛雷. 18.2tex桑皮纤维/粘胶基甲壳素纤维混纺纱的开发［J］. 上海纺织科技，2011，39（7）：34–35.

［44］陈国珍，王乐君. 芳砜纶纤维的纺纱工艺探讨及其纺纱要点［J］. 上海纺织科技，2010，38（1）：18–19.

［45］王付秋，汪晓峰，朱苏康，等. 芳砜纶纤维纺纱工艺与措施［J］. 上海纺织科技，2005，33（8）：46–49.

［46］朱月群，杨建平，殷庆永，等. 芳砜纶阻燃纱线设计［J］. 纺织科技进展，2008（6）：27–30.

［47］吴永倩. 芳砜纶纤维预处理与纺纱工艺的研究［D］. 上海：东华大学，2010.

［48］李向红，马军. 混纺比对芳砜纶/芳纶1313 混纺纱成纱性能的影响［J］. 河北科技大学学报，2011（4）：91–96.

［49］马艺华，谭磊，钮光. 桑皮纤维纺纱工艺技术研究［J］. 中国麻业科学，2011（1）：39–41.

［50］王可，瞿才新，周红涛，等. 芳砜纶桑皮纤维棉19.4tex混纺纱的生产［J］. 棉纺织技术，2014，42（8）：64–67.

［51］徐静. 苎麻/棉筒子纱染色工艺［J］. 印染，2011（21）：16–17.

［52］钱旺灿. 纯棉筒子纱染色［J］. 印染，2013（16）：27–29.

［53］王慧玲. 基于CAD技术的形态记忆提花面料的设计与生产［J］. 丝绸，2012（3）：38–40.

［54］杜群. 棉/功能性粘胶交织面料及家纺床品的应用性开发与研究［D］. 苏州：苏州大学，2010.

［55］瞿才新，徐帅. 桑皮–棉混纺纱与超细柔仿棉长丝交织的浆印家纺面料：中国，201310147419.5［P］. 2003–04–25.

［56］卢惠民，余文明，郑荣兴，等. 海藻纤维素纤维大提花机织面料的开发［J］. 上海纺织科技，2008，36（10）：40–42.

［57］瞿建新，马顺彬，陆锦明. 棉粘交织大提花家纺织物的生产［J］. 上海纺织科技，2007，35（8）：54–55.